滹沱河工程大孔口薄壁结构倒虹吸混凝土防裂缝施工技术

牛桂林　吴　竞　著

U0346929

气象出版社
China Meteorological Press

内容简介

本书针对滹沱河工程大孔口薄壁结构倒虹吸混凝土防裂缝施工技术进行了总结，从设计、施工、混凝土管管身的角度进行了三维有限元仿真，从计算、分析与评价的角度进行了研究，采用新技术、新材料、新工艺，力求体现先进性、设计水平和施工水平的科学性和经济性，在结构形式、用材、施工方法和工艺上均有所发展和创新；提出了优化解决钢筋混凝土管产生裂缝的关键技术问题并得出相关结论，给出了建议并对工程施工进行指导，为南水北调中线工程这一重大基础性战略工程和其他大型引排水工程提供有益的经验。

本书可供从事水利水电工程地质、设计、施工、科研等科技人员学习，亦可作为高等院校相关师生参考。

图书在版编目（ＣＩＰ）数据

滹沱河工程大孔口薄壁结构倒虹吸混凝土防裂缝施工
技术 / 牛桂林，吴竞著. -- 北京：气象出版社，
2022.8
ISBN 978-7-5029-7788-7

Ⅰ. ①滹… Ⅱ. ①牛… ②吴… Ⅲ. ①滹沱河－水利
工程－混凝土施工 Ⅳ. ①TV544

中国版本图书馆CIP数据核字(2022)第150952号

Hutuohe Gongcheng Dakongkou Baobi Jiegou Daohongxi Hunningtu Fangliefeng
Shigong Jishu

滹沱河工程大孔口薄壁结构倒虹吸混凝土防裂缝施工技术
牛桂林　吴　竞　著

出版发行：气象出版社
地　　址：北京市海淀区中关村南大街 46 号　　　　邮政编码：100081
电　　话：010-68407112(总编室)　010-68408042(发行部)
网　　址：http://www.qxcbs.com　　　　　　**E-mail**：qxcbs@cma.gov.cn
责任编辑：张锐锐　郝　汉　　　　　　　　　　终　审：吴晓鹏
责任校对：张硕杰　　　　　　　　　　　　　　责任技编：赵相宁
封面设计：艺点设计
印　　刷：北京建宏印刷有限公司
开　　本：710 mm×1000 mm　1/16　　　　　　印　张：5.5
字　　数：121 千字
版　　次：2022 年 8 月第 1 版　　　　　　　　印　次：2022 年 8 月第 1 次印刷
定　　价：59.00 元

本书编写组

组　　长：牛桂林　吴　竞
副 组 长：谢子书　崔福占
参编人员：牛桂林　吴　竞　谢子书　崔福占　刘修水
　　　　　梁发彪　刘忠良　李进亮　徐世宾　曹华音
　　　　　白依文　苗鑫淼　李珊珊　白　朋　易宝龙
　　　　　陈正岩　张　行　刘美莉

前　言

　　倒虹吸是输送水通过山谷、河流、洼地、道路或其他渠道的压力管道,是一种渠道交叉建筑物,是引水、排水和灌区配套工程中重要的建筑物形式之一。倒虹吸管具有施工方便、造价低、不影响河道泄洪等优点。我国在农田水利建设和引调水工程中修建了大量的倒虹吸管,积累了丰富的经验,在结构形式、用材、施工方法和工艺上均有所发展和创新。

　　钢筋混凝土倒虹吸管具有耐久性强、施工方便、变形小、糙率变化小等特点,国内外仍在大量采用。

　　南水北调中线工程中布置大量的钢筋混凝土箱涵倒虹吸,由于引水流量大,分配水头损失小,因此,选择的箱涵断面比较大。采取大孔口钢筋混凝土箱涵,其管身作为承受内水压力的偏心受压、受剪、受拉等复杂受力的构件,必须严格控制裂缝的开展。首批开工的滹沱河倒虹吸工程备受关注,其坚持质量先行、科学施工、严格管理的工作态度,经过三年的建设,主体工程顺利完工。在浇筑 11 万 m³ 薄壁混凝土施工中未发生裂缝,这在国内外混凝土施工史上是不多见的。目前,国内外均把混凝土结构防裂缝问题作为一项重大关键技术来研究。

　　倒虹吸混凝土管出现的任何裂缝,不论是纵向的还是横向的,表层的还是贯通的,宽裂缝还是微裂缝,都是影响质量的关键因素。特别是纵向裂缝的产生,将使管身的受力条件发生明显的变化,裂缝截面内受到渗透压力的作用,会显著增加管身的荷载。裂缝的出现将大大降低混凝土的抗渗性和耐久性,缩短管道的使用寿命。因此,开展滹沱河工程大孔口薄壁结构倒虹吸混凝土防裂缝施工技术研究,对确保南水北调中线工程这一特大型水利工程的安全、有效保证工程的耐久性,改善结构性能具有重大意义,并取得以下成果。

　　设计方面,通过对大孔口薄壁结构钢筋混凝土倒虹吸管的内外荷载计算、应力计算、配筋计算、抗裂验算以及分缝分块等的分析研究,提出和推荐合理的设计计算方法,并对管身进行有限元计算分析,复核管身的内力及应力状态。

　　施工方面,通过对混凝土配合比的优选、混凝土温度控制、混凝土模板的架立、混凝土入仓和浇筑工艺、混凝土的养护和保温措施等试验研究,提出管身混凝土预防裂缝经济合理的施工技术方案。

对管身进行三维有限元仿真计算、分析与评价,提出相关结论和建议。

采用合理的计算模型和计算方法,优选低水灰比、高掺和料、掺高效外加剂、和易性能好、密实度高、均质的高性能混凝土配合比;提出大孔口薄壁结构倒虹吸管混凝土模板、温控、入仓、平仓、振捣、养护等施工工艺;优化解决预防钢筋混凝土管产生裂缝的疑难技术问题;提高大孔口薄壁混凝土结构工程的科技含量、设计水平和施工水平,力求体现先进性、科学性和经济性,为该类工程提供有益的经验,在南水北调中线工程这一重大基础性战略工程和其他大中型引排水工程中发挥重要作用。

本书是我们在滹沱河工程大孔口薄壁结构倒虹吸混凝土防裂缝施工技术研究实践活动的真实记录和总结,以期待与同行进行技术交流,在此表示衷心的感谢!不当之处,敬请同行专家和广大读者赐教指正。

作者
2022 年 3 月

目 录

第1章 引　言

南水北调中线工程,南起湖北省丹江口水库,北至北京市颐和园的团城湖,输水总干渠全长 1276.4 km,是一项跨流域、跨省份的特大型水利工程,是优化我国水资源配置的重大基础性战略工程,对国民经济全局和中华民族的长远发展具有重大而深远的意义。

倒虹吸是输送水通过山谷、河流、洼地、道路或其他渠道的压力管道,是一种渠道交叉建筑物,是引水、排水和灌区配套工程中重要的建筑物形式之一。倒虹吸管具有施工方便、造价低、不影响河道泄洪等优点。我国在农田水利建设和引调水工程中修建了大量的倒虹吸管,积累了丰富的经验,在结构形式、用材、施工方法和工艺上均有所发展和创新。目前,钢筋混凝土管正迅速发展。因钢筋混凝土倒虹吸管具有耐久性强、施工方便、变形小、糙率变化小等特点,国内外仍在大量采用。

南水北调中线工程中布置了大量的钢筋混凝土箱涵倒虹吸,由于引水流量大,且分配的水头损失小,因此,箱涵的断面比较大。本工程滹沱河倒虹吸采用大孔口钢筋混凝土箱涵,管身为压力箱涵,必须严格控制裂缝的开展。

首批开工的滹沱河倒虹吸工程,经过三年的建设主体工程顺利完工。在工程建设中,浇筑 11 万 m³ 薄壁混凝土,没有出现裂缝。

倒虹吸混凝土管出现的任何裂缝,不论是纵向的还是横向的、表层的还是贯通的、宽裂缝还是微裂缝,都是影响质量的关键因素,特别是纵向裂缝的产生,将使管身的受力条件发生明显的变化,降低结构的安全度。裂缝的出现将大大降低混凝土的抗渗性和耐久性,缩短管道的使用寿命。因此,开展滹沱河工程大孔口薄壁结构倒虹吸混凝土防裂缝施工技术研究,对确保南水北调中线工程这一特大型水利工程的安全、有效保证工程的耐久性、改善结构性能具有重大意义。

钢筋混凝土倒虹吸管存在抗裂性能差、出现裂缝后不易修补等缺点,目前,国内外大量的钢筋混凝土管仍处在长期带裂缝工作状态。因此,预防钢筋混凝土管产生裂缝是必须深入研究的一个课题。

滹沱河倒虹吸设计流量 200 m³/s,分配水头 0.884 m,管身为三孔一联的钢筋混凝土矩形箱涵结构,单孔过水断面 6 m×6.2 m(宽×高);滹沱河河道宽度 7 km,300年一遇洪峰流量 19200 m³/s,河床极不稳定且易决善迁。因此,倒虹吸需要预留较大的口门,即要求设计较长的管身段和较大的埋深。经分析论证,确定滹沱河倒虹吸管身段总长 2043 m,最大埋深 11 m。对于低水头、大流量、高埋深、多孔口、大孔径、薄壁型的滹沱河倒虹吸工程,预防混凝土裂缝是十分重要的。

第 2 章　倒虹吸混凝土结构防裂缝研究

2.1　混凝土裂缝理论

混凝土结构裂缝可分为微观裂缝和宏观裂缝。微观裂缝主要有三种：第一种骨料和水泥石粘合面上的裂缝，称为粘着裂缝；第二种水泥石自身的裂缝，称为水泥石裂缝；第三种骨料本身的裂缝，称为骨料裂缝。微观裂缝在混凝土结构中的分布是不规则、不贯通的，并且肉眼看不见。宏观裂缝是由微观裂缝扩展而来的。

混凝土结构裂缝根据产生原因的不同，主要可分为三种：一是由外荷载引起的裂缝；二是结构次应力引起的裂缝，这类裂缝是由结构实际工作状态和计算假设模型的差异引起的；三是变形应力引起的裂缝，由于温度、收缩、膨胀、不均匀沉降等因素引起结构变形，当变形受到约束时便产生应力，此应力超过混凝土抗拉强度时就产生裂缝。

当混凝土结构产生变形时，结构的内部、结构与结构之间都会受到约束。当混凝土结构截面较厚时，其内部温度分布不均匀，引起内部不同部位的变形相互约束，称之为内约束；当一个结构物的变形受到其他结构的阻碍时，称之为外约束。工程中的大体积混凝土结构所承受的变形，主要由温差和收缩产生，其约束既有外约束，又有内约束。

大体积钢筋混凝土结构中，由于结构截面大、体积大、水泥用量多，水泥水化所释放的水化热会产生较大的温度变化和收缩膨胀作用，由此引起的温度应力是导致钢筋混凝土产生裂缝的主要原因。这种裂缝有表面裂缝和贯穿裂缝两种。表面裂缝是由于混凝土表面和内部的散热条件不同，温度外低内高，形成了温度梯度，使混凝土内部产生压应力，表面产生拉应力，表面的拉应力超过混凝土抗拉强度而引起的。在混凝土强度发展到一定程度时，混凝土逐渐降温，这个降温差引起的变形，加上混凝土的收缩变形，受到地基和其他结构边界条件的约束而引起拉应力，当拉应力超过混凝土抗拉强度时，所可能产生的贯穿整个截面的裂缝称为贯穿裂缝。

简而言之，钢筋混凝土结构由温度引起的裂缝，是一种变形变化引起的裂缝。当变形得不到满足才引起应力，而且应力与结构的刚度大小有关，只有当应力超过一定数值时，才引起裂缝。因此，温度是控制混凝土裂缝的关键。通过优化混凝土配合比，可以降低混凝土水化热。通过控制混凝土入模温度、监测温度，限制混凝土的拌制、运输、振捣时间及合理的养护，可以控制混凝土温度裂缝的影响范围及深度。

工程结构裂缝控制的综合方法,包括结构力学近似计算法、结构与基础的共同作用、施工技术、材料优选以及环境条件等。

2.2　结构优化设计

结构优化设计大致可分为三个阶段:第一建立数学模型,把工程结构的设计问题转化成数学规划问题;第二选定合理有效的优化分析方法,包括最优化计算方法和结构重分析计算方法;第三编制相应的优化分析程序。

结构优化设计有三大要素,即设计变量、目标函数和约束条件。

2.2.1　设计变量

一个结构设计方案是由若干个数量来描述的,根据具体情况,这些数量可以是结构构件或结构整体的截面尺寸、面积、惯性矩、节点坐标等几何参数,也可以是诸如材料的弹性模量、混凝土标号等材料参数。这些数量中一部分是事先给定的,在优化设计过程中始终保持不变,称为预定参数;另一部分在优化设计过程中是变化的量,称为设计变量。

设计变量可以是连续的,也可以是离散的。对于离散的设计变量,如结构中有关尺寸需符合模数要求,为简化计算,可视为连续变量,而在最后决定方案时,再选取最为接近的离散值。

2.2.2　约束条件

2.2.2.1　结构设计中考虑的约束条件

(1)为满足设计规范的有关要求而给定的约束条件,称为界限约束。

(2)一些分析中的平衡方程、变形协调方程等,称为等式约束。

(3)强度、刚度、稳定条件等约束,常常表示为成类的不等式约束。

2.2.2.2　实际工程设计中考虑的约束条件

(1)为避免发生常见的各种形式的破损,而建立起来的条件,称之为应力约束件。破损形式为屈服开始、局部屈曲、裂纹和断裂等。

(2)在规定的荷载条件下,为满足所要求的刚度特性而建立起来的条件,称之为变形约束条件。刚度特性包括广义刚度、规定的位移、广义动力刚度以及考虑总体稳定性的刚度要求。

(3)保证结构在承受外力作用之后,各部分仍然能够保持联结在一起,称之为相容条件。但在某些情况下,相容条件在设计过程中是必须明确提出的。

(4)可以影响到设计的各个方面,包括损害结构功能效率的构件或结点的取舍,称之为功能约束条件。

(5)对结构的外形,同时也对构件的形状或体积起着重要的影响,称之为审美约束条件。

(6)规范中的有关规定和构造及工艺上的要求和条件,称之为界限约束条件。例如钢筋的最小直径和结构的尺寸不能为负值等。

(7)能保证结构在承受外荷载作用下,不会产生危险的共振,以确保结构安全、舒适和内部设备的正常运行等,称之为动态特性约束条件。

2.2.3 目标函数

符合约束条件的设计变量组合可以有无数组,设计的目的是要从中选择出最适当的组合来。为此,引入评价设计成果好坏的函数,即目标函数。目标函数是计算方案目标值的数学表达式,是设计变量的函数。

目标函数是选择最佳设计的标准,是对方案进行比较选择的指标。它代表设计中某个或某些最重要的特征,如有的设计以结构最轻为目标,有的设计则以最经济为目标,所以要根据工程实际进行具体分析。

对于某些设计出现两个以上目标的情况,可采取以下三种方法进行处理:构造复合的目标函数;对目标函数之一加上限制,并视为一个约束;直接按多目标问题处理。

2.2.4 结构优化

当目标函数或约束条件为设计变量的非线性函数时,称为非线性规划问题。在非线性规划中,由于存在有约束与无约束两种情况,故可分为有约束优化问题和无约束优化问题。而实际的结构优化,一般属于有约束的非线性规划问题,求解这类问题的方法很多,大致可归纳为三类:第一类为直接约束的方法,简称直接法,如复形法、可行方向法、梯度投影法和最速下降法等;第二类为将非线性规划分段线性化,再用线性规划逐次逼近原问题,如线性逼近法(序列线性规划法)和割平面法等;第三类为将有约束优化问题转化为一系列无约束优化问题,属于这类方法的有拉格朗日乘子法和罚函数法等。

本文针对南水北调中线滹沱河倒虹吸工程规模大、孔口大、深埋压力大的特点,为预防管身结构裂缝,利用材料力学法和三维块体有限元法,对结构抗裂、应力状态进行了综合分析和优化设计,按平面问题视为弹性地基上的框架,采用初参数求解法,合理布置分缝间距,科学地确定倒虹吸结构尺寸,根据内力计算结果,进行承载能力极限状态计算和正常使用极限状态验算。采用结构优化技术,在参数空间形成空间有限元网络,按照移动渐近的方法,使优化问题中的目标和约束函数相接近,求出最经济配筋率,并通过受力筋、构造筋的优化布置,有效地控制混凝土的裂缝开展。按《水工钢筋混凝土结构设计规范(试行)》(SDJ 20—78)(以下简称"78 规范")抗裂条件确定结构断面,按照《水工混凝土结构设计规范》(SL/T 191—96)(以下简称"96 规范")限裂条件确定配筋。

2.2.5 管身荷载及计算简图

2.2.5.1 管身荷载

倒虹吸管身施工及运用期主要承受结构自重、内外水压力、竖向及侧向土压力、施工等荷载。

管身回填土料采用基坑开挖的、并弃除不能用于回填的含植物根须、杂物、有机物和易碎易腐物质的土料,包括中细砂、粗砾砂、砾卵石和砂壤土等。砂砾石和砂的填筑标准以相对密度为设计控制指标,砂砾石的相对密度超过 0.75,砂的相对密度必须超过 0.70。

填土综合指标:湿容重 19.28 kN/m³,浮容重 9.95 kN/m³,内摩擦角 30°。由于倒虹吸管身开挖底宽(27 m)较大,上口更宽(近 120 m),管顶竖向土压力按上埋式管计算;管身侧向处于主动和静止土压力之间,通过受力情况分析,设计采用偏于安全的主动土压力计算。

2.2.5.2　计算简图

管身各部位长细比均大于 5,管身横向内力计算时,顶板、中边墙和底板均被视为置于中心线上的杆单元,彼此交点为刚结点,见图 1、图 2。

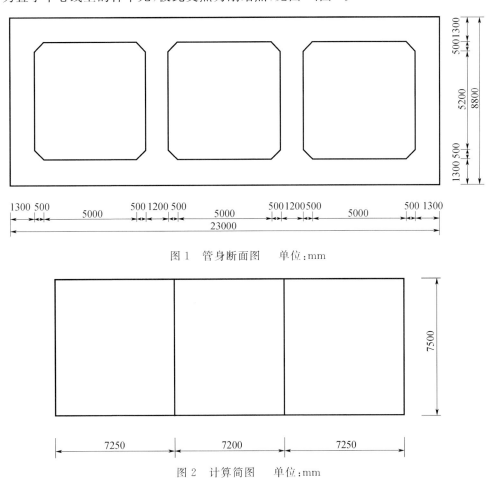

图 1　管身断面图　单位:mm

图 2　计算简图　单位:mm

2.2.6 采用《水工钢筋混凝土结构设计规范(试行)》(SDJ 20—78)(SDJ 20—78)

2.2.6.1 管身材料及其参数

混凝土标号 R300,抗渗标号 S6,抗冻标号 D50;弯曲抗压设计强度 R_w 取 220 kg/cm²;抗拉设计强度 R_l 取 17.5 kg/cm²;抗裂设计强度 R_f 取 21 kg/cm²;弹性模量 E_s 取 3.00×10^5 kg/cm²;泊松比 ν 取 0.167。

钢筋采用Ⅱ级,受拉(压)设计强度 R_g($R_g{}'$)取 3200 kg/cm²(直径≥28 mm),R_g($R_g{}'$)取 3400 kg/cm²(直径<28 mm);弹性模量 E_s 取 2.00×10^6 kg/cm²。

2.2.6.2 荷载组合

为确保倒虹吸在不同运用条件下均能满足规范要求,倒虹吸结构设计时保证管身不出现裂缝,主要按以下荷载组合进行计算。

基本组合工况 1~3:渠道设计水位,河道无水;渠道设计水位,河道设计水位;施工完建期。工况 4:倒虹吸管检修,河道枯水位。

特殊组合工况 1~2:渠道加大水位,河道无水;渠道设计水位,管顶埋土被冲,河道无水。

基本荷载组合条件下,偏心受压构件强度安全系数为 1.70,受弯和偏心受拉构件为 1.65;工况 1~3 不允许出现裂缝,工况 4 限制裂缝宽度为 0.25 mm。

特殊荷载组合条件下,偏心受压构件强度安全系数为 1.55,受弯和偏心受拉构件为 1.45。

2.2.6.3 内力计算

管身简化框架为多次超静定结构,其内力结构计算采用多孔涵洞内力的有限元分析及配筋计算程序,计算时沿倒虹吸纵向取单位长度,按平面处理,整个结构被视为弹性地基上的框架,应用杆件系统初参数法进行求解,应用渐近法(力矩分配法)进行内力计算。计算时地基弹性抗力取 6.0×10^4 kN/m⁴,侧墙弹性抗力系数为 5。

2.2.6.4 荷载和内力计算结果

程序计算时,将每个杆件分成 10 个节点单元,分别给出了每个节点单元的弯矩、轴力、剪力和地基抗力。荷载和内力分布见图 3~图 8。

分析各种工况的内力成果,发现管身顶、底板内力相对较大,两构件在不同工况时出现偏心受拉、偏心受压、受剪等复杂的受力特点,中侧墙为偏心受压构件。顶、底板最不利的受力工况为管内过设计流量,河道无水。此工况顶板跨间最大弯矩为 631.41 kN·m,轴力(拉力)为 297.55 kN;底板跨间最大弯矩为 703.28 kN·m,轴力(拉力)为 217.08 kN。

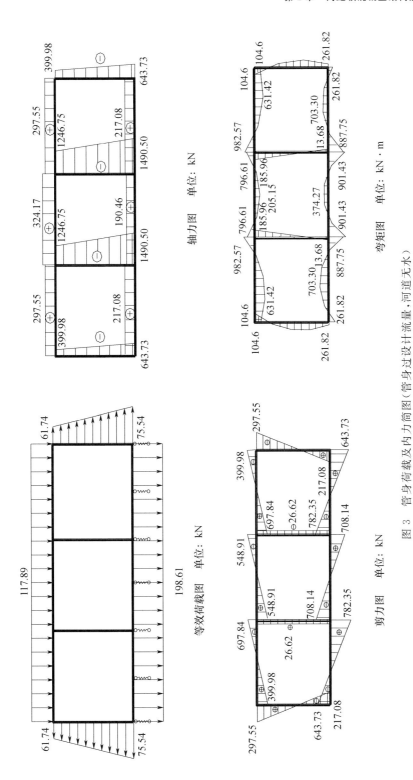

轴力图　单位：kN

弯矩图　单位：kN·m

等效荷载图　单位：kN

剪力图　单位：kN

图 3　管身荷载及内力简图（管身过设计流量·河道无水）

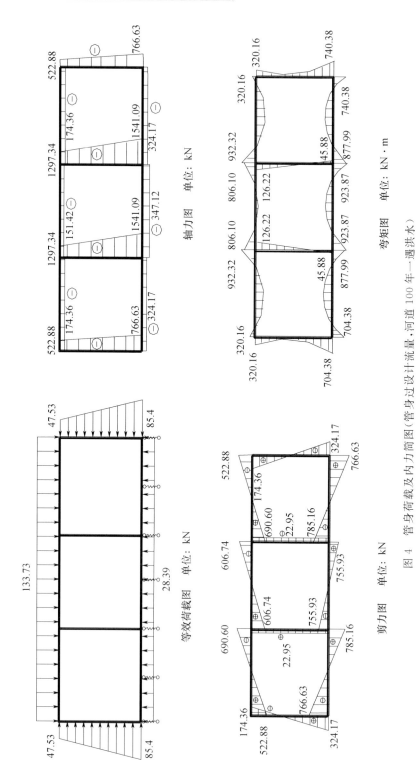

图 4 管身荷载及内力简图（管身过设计流量·河道 100 年一遇洪水）

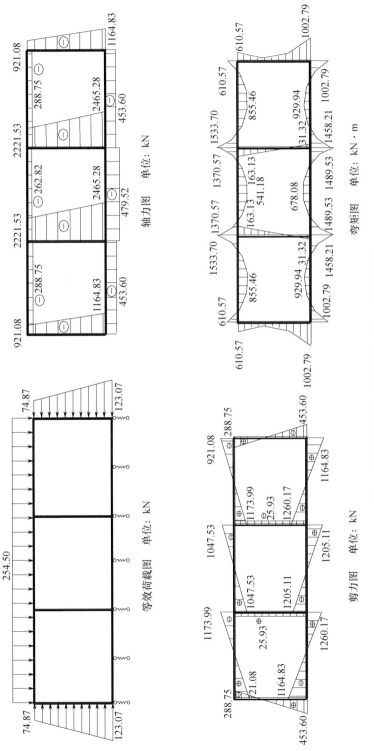

图 5　管身荷载及内力简图（建成无水、河道无水）

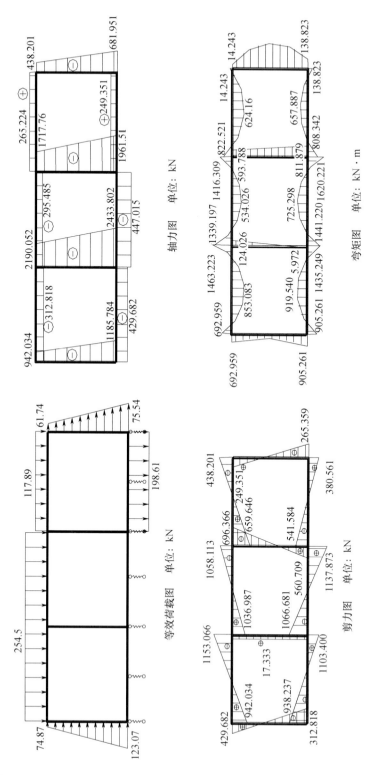

图 6　管身荷载及内力简图（管身两临孔检修，一边孔过水，河道无水）

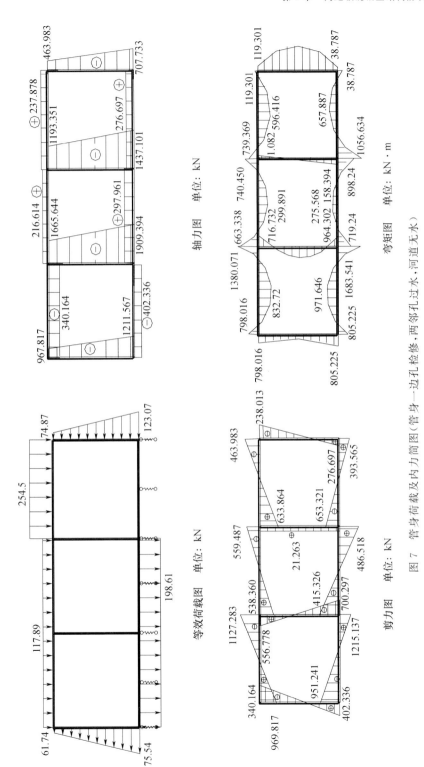

轴力图 单位: kN

弯矩图 单位: kN·m

等效荷载图 单位: kN

剪力图 单位: kN

图 7 管身荷载及内力简图（管身一边孔检修·两邻孔过水·河道无水）

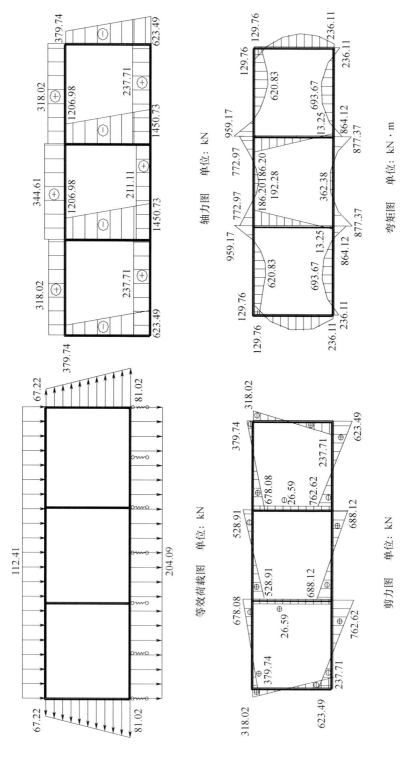

轴力图　单位：kN

弯矩图　单位：kN·m

等效荷载图　单位：kN

剪力图　单位：kN

图 8　管身荷载及内力标准值简图（管身过加大流量，河道无水）

2.2.6.5　配筋计算结果

根据上述内力结果,顶、底板最不利工况下属大偏心受拉构件,经配筋计算,顶、底板推荐断面跨中内侧的配筋量分别为 3246 mm²/m、3291 mm²/m。

2.2.6.6　抗裂度验算

抗裂度验算依据"78 规范"第 81 条,对于基本组合的大偏心受拉构件抗裂安全系数,不小于 1.15。

经计算,推荐断面顶、底板在最不利荷载工况下的抗裂安全系数分别为 1.30、1.23,满足抗裂要求。按照规范规定,在满足抗裂条件下,不再对构件进行裂缝开展宽度的验算。

2.2.7　采用《水工混凝土结构设计规范》(SL/T 191—96)

2.2.7.1　管身材料及其参数

混凝土强度等级 C30,抗渗等级 W6,抗冻等级 F50。轴心抗压强度设计值 f_c 取 15 N/mm²,轴心抗拉强度设计值 f_t 取 1.5 N/mm²;轴心抗压标准强度 f_{ck} 取 20 N/mm²,轴心抗拉标准强度 f_{tk} 取 2.0 N/mm²;弹性模量 E_c 取 3.00×10⁴ N/mm²;泊松比 μ 取 0.167。

钢筋采用Ⅱ级,受拉(压)设计强度 $f_y(f_y')$ 取 310 N/mm²,受拉(压)标准强度 $f_{yk}(f_{yk}')$ 取 335 N/mm²;弹性模量 E_s 取 2.0×10⁵ N/mm²。

2.2.7.2　承载能力极限状态和正常使用极限状态验算

按设计持久状况(管身过设计流量,河道无水)、设计短暂状况(管身过设计流量,河道设计洪水;建成无水;检修)、偶然状况(管身过设计流量,河道校核洪水;管身过加大流量,河道设计洪水)等进行承载能力极限状态计算;按荷载长期组合(管身过设计流量,河道无水)、荷载短期组合(管身过设计流量,河道设计洪水;建成无水;检修)等进行正常使用极限状态验算。

在进行承载力极限状态计算时,采用基本组合和偶然组合。基本组合包括长期(持久)组合和短期组合。Ⅰ级建筑物结构系数 γ_0 取 1.10;持久状况、短暂状况和偶然状况的设计状况系数 ψ 分别取 1.00、0.95 和 0.85;永久荷载中的结构自重分项系数 γ_G 取 1.05,垂直土压力和侧向土压力取 1.10(在有利情况下取 0.90);可变荷载管内外静水压力分项系数 γ_Q 取 1.05(在有利情况下取 0.95)。

2.2.7.3　荷载及内力计算结果

内力计算方法同"78 规范"。荷载及内力设计值分布见图 9～图 14。

经过对各种工况下构件内力计算结果比较,发现管身顶、底板内力的控制工况仍为管内过设计流量,河道无水。此工况下,顶板跨间最大弯矩设计值 724.02 kN·m,轴向力 360.90 kN;底板跨间最大弯矩设计值 784.64 kN·m,轴向力 288.74 kN。顶板跨间最大弯矩标准值 631.41 kN·m,轴向力 297.55 kN;底板跨间最大弯矩标准值 703.28 kN·m,轴向力 217.08 kN。

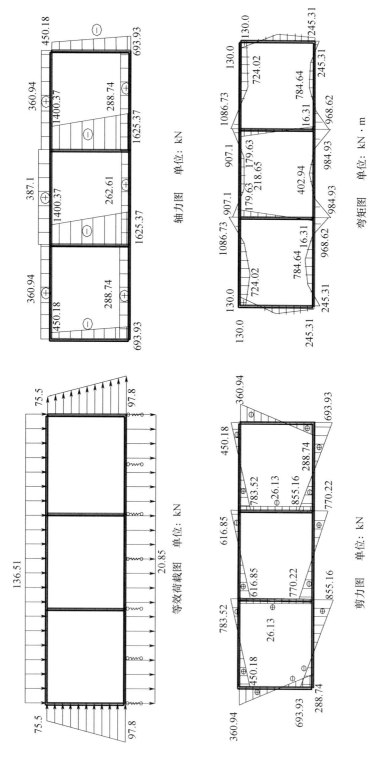

图 9 管身荷载及内力设计值简图（管身过设计流量·河道无水）

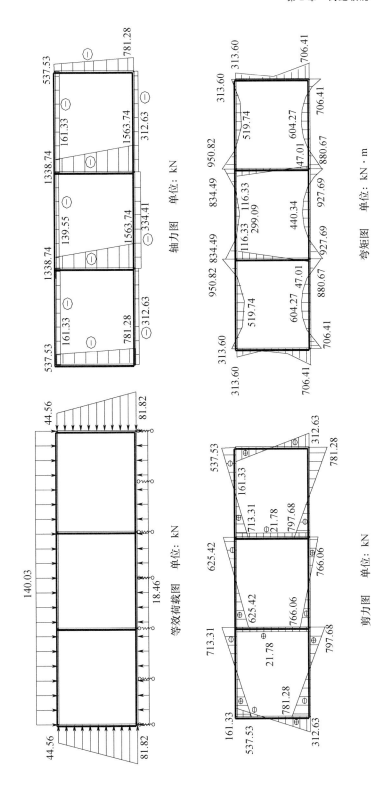

图 10　管身荷载及内力设计值简图（管身过过设计流量，河道 100 年一遇洪水）

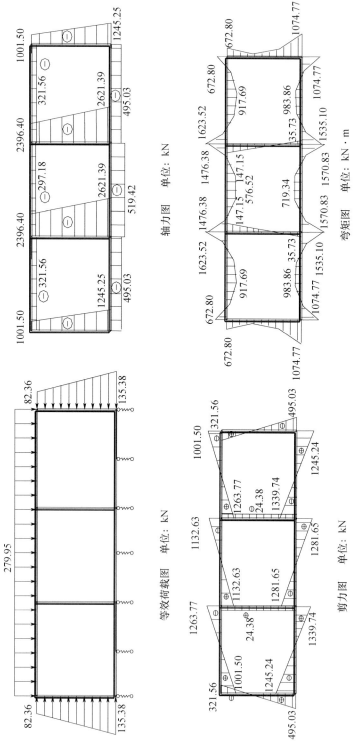

图 11　管身荷载及内力设计值简图（建成无水，河道无水）

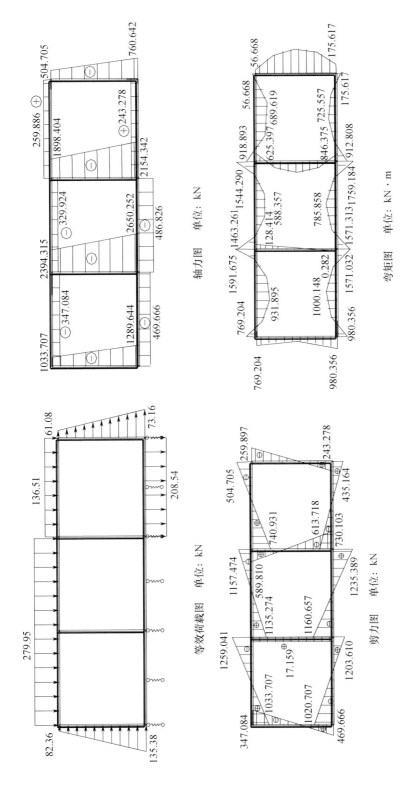

轴力图　单位：kN

弯矩图　单位：kN·m

等效荷载图　单位：kN

剪力图　单位：kN

图 12　管身荷载及内力设计值简图（管身两邻孔检修，一孔过水，河道无水）

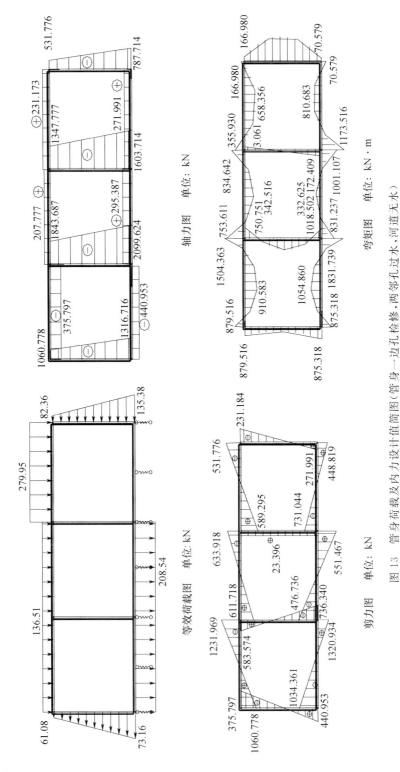

图 13　管身荷载及内力设计值简图（管身一边孔检修、两邻孔过水、河道无水）

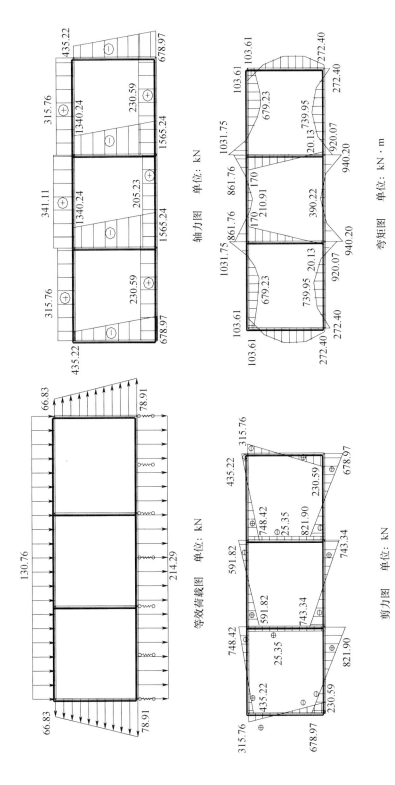

轴力图　单位：kN

弯矩图　单位：kN·m

等效荷载图　单位：kN

剪力图　单位：kN

图 14　管身荷载及内力设计值简图（管身过加大流量·河道无水）

2.2.7.4 配筋计算结果

倒虹吸顶、底板正截面的配筋,按照承载力极限状态大偏心受拉构件公式计算。计算结果显示,顶、底板内侧配筋量分别为 3408 mm^2/m、3475 mm^2/m。

2.2.7.5 抗裂度和裂缝开展宽度验算

根据规范,倒虹吸正常使用极限状态的抗裂验算仅考虑最不利的长期组合情况,此时永久荷载分项系数和可变荷载管内水压力长期组合系数均取 1.00。抗裂度验算控制条件为结构边缘纤维的拉应力不超过混凝土限制系数 α_{ct} 控制的应力值,α_{ct} 取 0.70;对于大偏心受拉构件,断面抵抗矩塑性系数 γ_m 取 1.55。验算结果显示,顶、底板推荐断面在计算配筋量条件下均不满足抗裂要求。结构按限制裂缝宽度控制。

倒虹吸结构正常使用极限状态裂缝宽度的验算,采用《水工混凝土结构设计规范》(SL/T 191—96)规范公式:

$$w_{max} = \alpha_1 \alpha_2 \alpha_3 (3c + 0.1 \times d/\rho_{te}) \cdot \sigma_{sl}/E_{sl} \tag{2-1}$$

式中,α_1 为结构受力特征系数,取 1.15;α_2 为钢筋表面系数,取 1.00;α_3 为荷载长期作用系数,取 1.60;c 为受拉钢筋保护层,c 取 50 mm;d 为钢筋直径;ρ_{te} 为纵向受拉钢筋有效配筋率;σ_{sl} 为受拉钢筋应力;E_{sl} 为钢筋弹性模量,取 2×10^5 N/mm^2。

σ_{sl} 受拉钢筋应力计算公式:

$$\sigma_{sl} = (1 + 1.1 \times e_s/h_0) \cdot N_1/A_s \tag{2-2}$$

式中,N_1 为轴向力;A_s 为受拉钢筋面积;e_s 为轴力作用点至受拉钢筋合力点距离;h_0 为截面有效高度。

按规范规定,处于二类环境条件的结构裂缝宽度允许值为 0.25 mm。

正截面的裂缝开展宽度分别达到 0.538 mm、0.546 mm,远超过规范规定的数值。为满足规范的要求,顶、底板配筋量应分别不小于 6260 mm^2/m、6370 mm^2/m。

2.2.8 SAP84 平面有限元分析

管身材料、荷载计算、荷载组合同"96 规范"。

计算方法:计算时,沿倒虹吸纵向取单位长度,按平面问题处理,整个结构被视为弹性地基上的框架。杆件横、竖向各分为 10 个计算单元,如图 15、图 16 所示。

内力计算结果:管身顶、底板内力的控制工况仍为管内过设计流量、河道无水。在这种工况下,顶板跨间最大弯矩设计值 706.27 kN·m,轴向力 310.25 kN;底板跨间最大弯矩设计值 792.65 kN·m,轴向力 304.61 kN。顶板跨间最大弯矩标准值 605.43 kN·m,轴向力 253.49 kN;底板跨间最大弯矩标准值 707.26 kN·m,轴向力 261.06 kN。

配筋计算和裂缝开展宽度验算结果与"96 规范"结果接近。

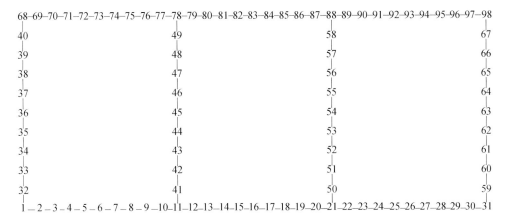

图 15　有限元计算节点编号

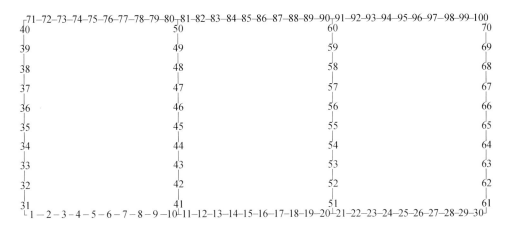

图 16　有限元计算单元编号

2.2.9　SAP84 三维有限元分析

倒虹吸管身每一分缝单元平面尺寸为 20 m(长)×23 m(宽),模拟实际的边界条件(管身正常输水,河道无水;建成无水两工况),按三维有限元结构进行复核,模型采用 C30W6F50 素混凝土材料,计算结果详见三维图 17～图 28。

在底板中孔跨中出现最大拉应力 2.19 N/mm²,略大于混凝土抗拉标准强度 2.00 N/mm²;管身纵向拉应力均小于混凝土抗拉强度,不会出现裂缝。

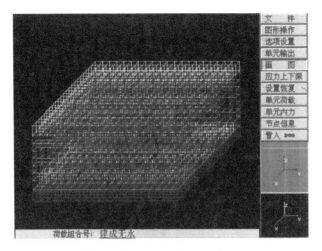

图 17   位移示意图(建成无水)

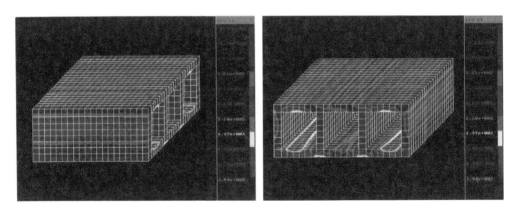

图 18   大主应力 σ_1 图(建成无水)

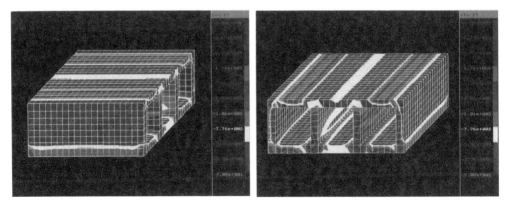

图 19   小主应力 σ_3 图(建成无水)

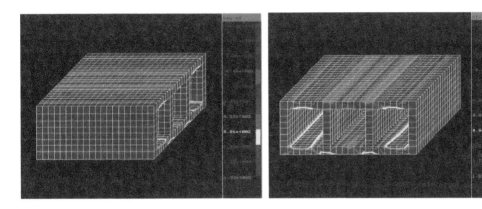

图 20 $x-x$ 向主应力图(建成无水)

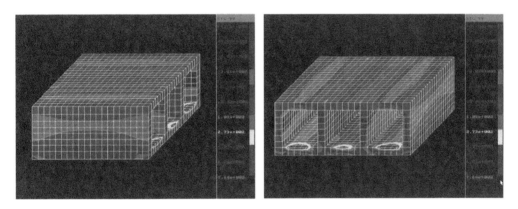

图 21 $y-y$ 向主应力图(建成无水)

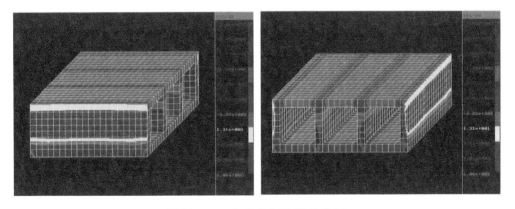

图 22 $z-z$ 向主应力图(建成无水)

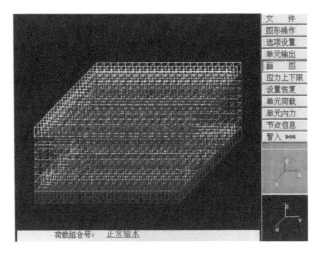

图 23　位移示意图（正常输水）

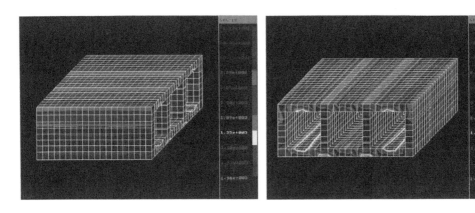

图 24　大主应力 σ_1 图（正常输水）

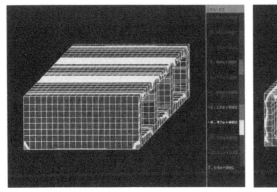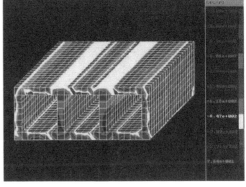

图 25　小主应力 σ_3 图（正常输水）

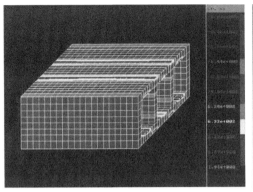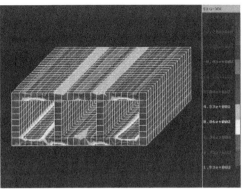

图 26　$x-x$ 向应力图（正常输水）

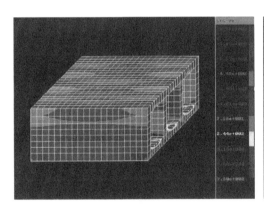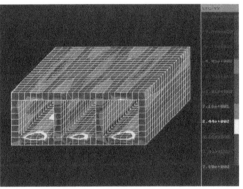

图 27　$y-y$ 向应力图（正常输水）

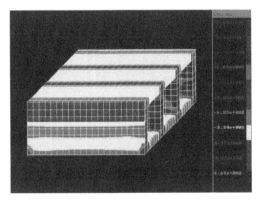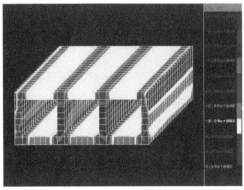

图 28　$z-z$ 向应力图（正常输水）

2.3　成果分析

1997 年,水利部在发布实施行业推荐性标准《水工混凝土结构设计规范》(SL/T 191—96)的同时,宣布仍可执行《水工钢筋混凝土结构设计规范》(SDJ 20—78)。然而,这两套规范在设计理念上却有着实质性的差异,"78 规范"采用的是以单一安全系数表达的极限状态设计方法;"96 规范"则按《水利水电工程结构可靠度设计统一标准》(GB 50199—94)的规定,采用以概率理论为基础的极限状态设计方法。

参考两套规范,对滹沱河倒虹吸管身进行结构内力和配筋量计算,结果产生了很大差异。在配筋量上,"96 规范"按承载力极限状态计算,比"78 规范"按强度计算得到的结果增大 5.0%(顶板)~5.5%(底板);对于抗裂和限裂验算,在"78 规范"确定的构件尺寸和配筋量基础上,若按"96 规范"正常使用极限状态进行验算,既不满足抗裂条件,也不满足限裂要求,最大裂缝宽度超出规范规定 1 倍以上;"96 规范"按限裂条件计算比"78 规范"按强度计算得到的配筋量增大 88.7%(顶板)~83.3%(底板)。

滹沱河倒虹吸结构断面结构尺寸按"78 规范"的抗裂条件确定,顶、底板厚度均为 1.3 m;配筋量按"96 规范"限裂条件确定。两套规范合理结合,使构件既能满足"78 规范"的抗裂要求,又在承载能力上有更高的保证。

根据规范,分别进行斜截面承载力计算、挠度验算,均满足要求。

第3章　防裂缝措施

3.1　合理选择结构形式

防止混凝土结构的变形裂缝,应综合考虑设计、施工、养护等各方面的因素,主要应选择规则、简单的结构形式,尽量减少结构形状突变,如凹进凸出、刚度急剧变化等。实践表明,大量的裂缝出现在这种结构形状、刚度突变处。

倒虹吸管身选取工程上常用的3种断面形式,即对箱型、城门洞型和圆型进行了比选。

圆型断面管道优点是湿周小、过水能力强、水流条件和承载性能好。但圆管不利多孔组合,与上、下游渠道衔接条件差,结构布置较为复杂。由于滹沱河倒虹吸输水量大,设计管径在5 m以上,如采用预制生产,吊运安装较困难;如采用现场浇筑,施工设备复杂,多孔并行的工程量也比箱型断面大,故不予推荐。城门洞型断面,水流条件较好,一般适用于无压水流条件,在内水压力作用时,受力状态较差,且工程量也比箱型断面大,故不予推荐。

箱型断面具有形状规则,结构简单,受力明确,便于多孔组合,上、下游衔接平顺,工程布置紧凑合理,有利于调节水量、检修,易于施工等优点。对于低水头、大流量的倒虹吸管道,箱型断面是经济合理的。考虑到结构变形裂缝的原因,滹沱河倒虹吸管身断面形式选用箱型。

3.2　合理布置分缝间距

从降低混凝土浇筑块的温升、控制混凝土的裂缝、降低地基约束、控制混凝土浇筑块体的温度及便于混凝土施工的角度出发,对基础的结构混凝土的强度等级、结构配筋、基础底面滑动及变形缝和施工缝的设置提出要求,因此,要选择合理的结构形式和分缝分块。混凝土施工中允许设置水平施工缝,水平施工缝的设置应根据混凝土浇筑过程中温度裂缝控制的要求、混凝土浇筑能力和方便结构钢筋的绑扎等因素确定。

浇筑块尺寸对温度应力有重要影响。浇筑块越大,温度应力也越大,越容易产生裂缝。因此,合理分缝分块对防止裂缝具有重要意义。

根据规范,软基上倒虹吸管伸缩缝最大间距 25.0 m,设计单节管身长度 20.0 m。

3.3　科学确定倒虹吸结构尺寸

合理的结构尺寸,能保证倒虹吸管在承受外力时各杆件协同作用。管身顶、底板厚度综合考虑"78 规范"和"96 规范"的计算成果取用,以满足"78 规范"在基本荷载组合时的强度安全和抗裂为首要条件,确定厚度 1.3 m;管身侧墙和中墙相对顶、底板内力要小,但其厚度的变化会引起管身各杆件内力的重新分布,即影响顶、底板的厚度,其结构断面的选择主要考虑与顶、底板刚度相协调,保证形成刚结点,使顶、底板厚度等因素适宜,侧墙厚度取 1.3 m,中墙厚度取 1.2 m;在立墙与顶、底板转角产生应力集中的部位,增设 0.5 m×0.5 m 的腋角。

3.4　合理配置钢筋

结构配筋除应满足承载力及构造要求外,还应结合混凝土的施工方法(整体浇筑或分层浇筑、泵送混凝土浇筑或非泵送混凝土浇筑等),增配承受因水泥水化热引起的温度应力及控制温度裂缝开展的钢筋,以构造钢筋控制裂缝。合理配筋可以提高混凝土的极限拉伸值,而且当钢筋的直径较细、间距较密时,对提高混凝土的抗裂效果也较好。

管身沿横向配置受力钢筋,顶板上层配($4\varnothing28+4\varnothing32$)/m,下层配($8\varnothing32$)/m;底板上层配($8\varnothing32$)/m,下层配($4\varnothing28+4\varnothing32$)/m;侧墙内外侧配($8\varnothing25$)/m;中墙配($8\varnothing22$)/m;抹角部位配($8\varnothing25$)/m。管身沿底板纵向下层配($5\varnothing25$)/m,其他部位纵向配($5\varnothing16$)/m。节点按框架节点处理。倒虹吸管身内部合理的钢筋配置,保证了结构的抗裂能力,配筋如图 29 所示。

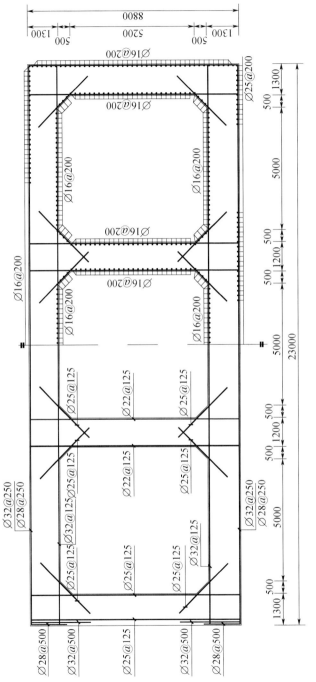

图 29 管身配筋图 单位:mm

3.5 合理优化混凝土配合比

选择混凝土原材料、优化混凝土配合比的目的是使混凝土具有较好的抗裂能力，具体说来，就是要求混凝土的绝热温升较小、抗拉强度较大、极限拉伸变形能力较强、热强比较小、线胀系数较小，自生体积变形最好是微膨胀，至少是低收缩。

合理选择混凝土原材料，优化混凝土配合比，并在混凝土拌和、运输、浇筑过程中采取质量保证措施，防止产生裂缝。混凝土原材料的品质和配合比，决定了混凝土热学、力学性质。它从减少混凝土绝热温升、提高抗裂能力两方面防止裂缝的产生，包括选用放热量低的水泥、减少水泥用量，以降低混凝土的绝热温升；掺入外加剂（主要指减水剂）、掺和料（主要为粉煤灰），以减少用水量，改善混凝土的和易性和强度；选用材质好、级配佳的粗细骨料，以降低混凝土的线胀系数；掺入膨胀剂、减缩剂，以减少收缩量等。

滹沱河管身段浇筑，混凝土等级 C30W6F50，分 3 期浇筑完成。如表 1 和图 30、表 2 和图 31～图 34、表 3 和图 35～图 38 所示。

3.5.1 滹沱河倒虹吸Ⅰ期工程

根据试验室确定的配合比，进行了管身段浇筑，管身混凝土等级 C30W6F50，Ⅰ期浇筑混凝土 2.6 万 m^3。取样 170 组，检测结果：抗压强度最大值为 46.5 MPa，最小值为 36.1 MPa，平均值为 38.7 MPa。检测结果显示，混凝土抗压强度超规范较多，说明水泥用量偏大。因此，Ⅱ期将混凝土水胶比由 0.47 调整为 0.49，以减少水泥用量。

3.5.2 滹沱河倒虹吸Ⅱ期工程

Ⅱ期倒虹吸管身段混凝土工程于 9 月 18 日开始施工，12 月 2 日顺利结束。本期共浇筑 14 个管节，完成管身混凝土浇筑量 2.6 万 m^3。为了进一步掌握混凝土内部温度变化情况，并适时为混凝土越冬保护提供依据，10 月中旬在管身段的底板、边墙和顶板分别埋设了温度计，并进行观测记录。

3.5.2.1 Ⅱ期管身段混凝土工程施工有关的基本资料

（1）本工程所用水泥为鼎鑫 PO42.5 水泥。检测结果：细度平均值为 0.4%（最小值为 0.04%）；3 d 抗压强度平均值为 31.8 MPa，28 d 抗压强度平均值为 53.2 MPa。

（2）现场施工混凝土抗压，28 d 强度平均值为 38.2 MPa，标准差为 2.0 MPa，$Ps=100\%$；抗渗、抗冻指标合格。

（3）设计要求的混凝土内外温差不超过 20 ℃。埋设的温度计观测资料显示：混凝土内部温度峰值在 53.0～53.5 ℃，且分别在浇筑后的 33～52 h 出现，之后开始以一定的速率下降；混凝土的水化热温升超过 30 ℃。为满足各项技术要求，无论是炎热的夏季或气温适中的春、秋季，都需要对混凝土进行保温保护。

表1 南水北调滹沱河倒虹吸工程 I 期混凝土砂浆配料单

工程名称	南水北调中线京石段应急供水工程滹沱河倒虹吸工程 II 标段						
工程部位	管身段						
混凝土指标	C30W6F50	水胶比	0.47	坍落度/mm	60~80	配料单编号	
水泥品种及强度等级	鼎鑫 PO42.5	粉煤灰厂家及等级	上安电厂 II 级灰	外加剂 1	GK-4A	外加剂 2	

材料表观密度/(kg/m³)

	水泥	粉煤灰	砂	石 5~20 mm	石 20~40 mm
	3020	2180	2660	2680	2730

外加剂 1	浓度		外加剂 2	浓度	20%
	掺量			掺量	0.7%

每立方米材料用量/(kg/m³)

材料名称	胶材 水泥掺量80%	胶材 粉煤灰掺量20%	水	砂率 32%	小石 5~20 mm	中石 20~40 mm	外加剂 1 浓度	外加剂 1 掺量	外加剂 2 浓度	外加剂 2 掺量
理论用量/kg	242	60	142	626	670	683		2.114		
含水量%										
饱和面干吸水率%										
含水量/kg								8.456		
实际用量/kg								10.57		
备注	I 期混凝土含气量 1.5%									

注:表中数字的阈值为左不包含右包含。下同。

表 2　南水北调滹沱河倒虹吸工程Ⅱ期混凝土砂浆配料单

工程名称	南水北调中线京石段应急供水工程滹沱河倒虹吸工程Ⅱ标段				
工程部位	管身段				
混凝土指标	水胶比	坍落度/调度/mm	外加剂 1	外加剂 2	
C30W6F50	0.49	60~80	GK-4A		
水泥品种及强度等级	粉煤灰厂家及等级				
鼎鑫 PO42.5	上安电厂Ⅱ级灰				

配料单编号

材料表观密度/(kg/m³)						外加剂 1		外加剂 2	
水泥	粉煤灰	砂	石 5~20 mm	石 20~40 mm		浓度	掺量	浓度	掺量
3020	2180	2660	2680	2730			2.086	20%	0.7%

每立方米材料用量/(kg/m³)

材料名称	水泥掺量 80%	粉煤灰掺量 20%	水	砂率 32%	小石 5~20 mm	中石 20~40 mm	外加剂 1	外加剂 2
理论用量/kg	238	60	146	643	658	670		
含水量/%								
饱和面干吸水率/%								
含水量/kg							+8.344	
实际用量/kg								10.43

备注：Ⅱ期混凝土含气量 1.5%

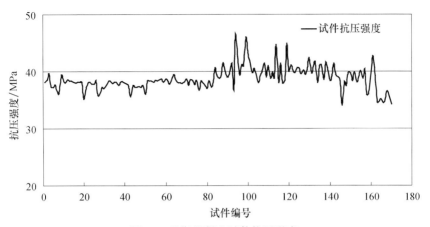

图 30 Ⅰ期混凝土试件抗压强度

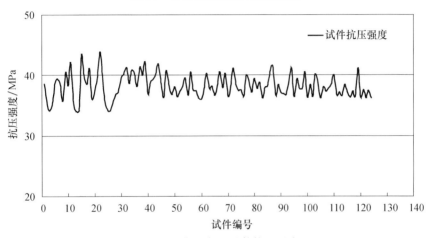

图 31 Ⅱ期混凝土试件抗压强度

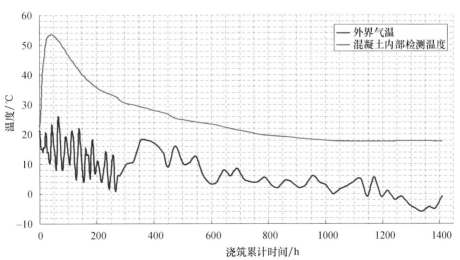

图 32 Ⅱ期管身底板混凝土温度检测

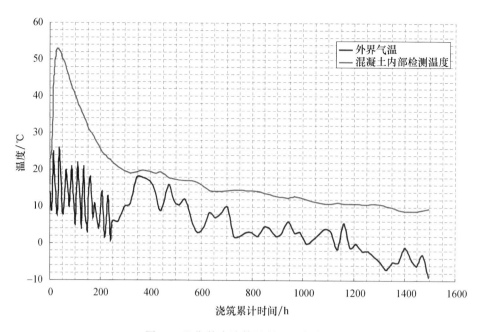

图 33 Ⅱ期管身墙体混凝土温度检测

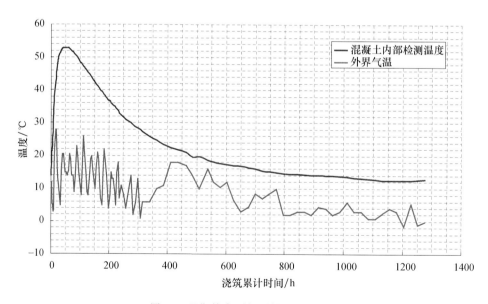

图 34 Ⅱ期管身顶板混凝土温度检测

表 3 南水北调滹沱河倒虹吸工程Ⅲ期混凝土砂浆配料单

工程名称	南水北调中线京石段应急供水工程滹沱河倒虹吸工程Ⅱ标段			配料单编号			
工程部位	管身段			材料表观密度/(kg/m³)			
混凝土指标	C30W6F50	水胶比	0.49	坍落度/稠度/mm	60~80	外加剂1	GK-4A
水泥品种及强度等级	鼎鑫 PO42.5	粉煤灰厂家及等级	上安电厂Ⅱ级灰			外加剂2	GK-9A

材料表观密度/(kg/m³)：

水泥	粉煤灰	砂	石 5~20 mm	石 20~40 mm
3020	2180	2660	2680	2730

外加剂1	浓度 20%	掺量 0.7%	外加剂2	浓度 1%	掺量 0.4×10⁻⁴

每立方米材料用量/(kg/m³)：

胶材	水泥掺量 79.3%	粉煤灰掺量 20.7%						
材料名称	水泥	粉煤灰	水	砂（砂率 33%）	小石 5~20 mm	中石 20~40 mm	外加剂 1	外加剂 2
理论用量/kg	222	58	136	644	659	671	2.7	1.2
含水量/%							1.96	0.0112
饱和面干吸水率/%								
含水量/kg			-18.6	+9.66			+7.84	+1.1088
实际用量/kg	222	58	117	654	659	671	9.8	1.12
备注	Ⅲ期混凝土含气量 3.0%							

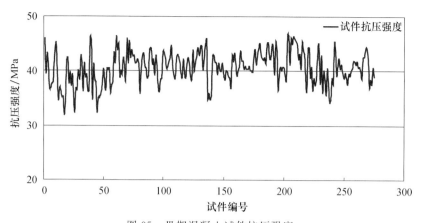

图 35 Ⅲ期混凝土试件抗压强度

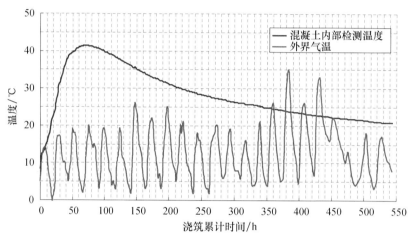

图 36 Ⅲ期管身底板混凝土温度检测

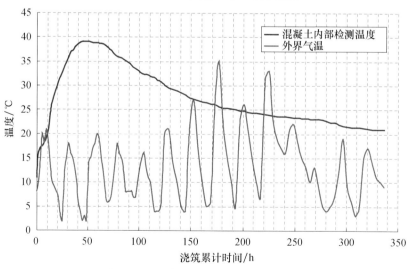

图 37 Ⅲ期管身墙体混凝土温度检测

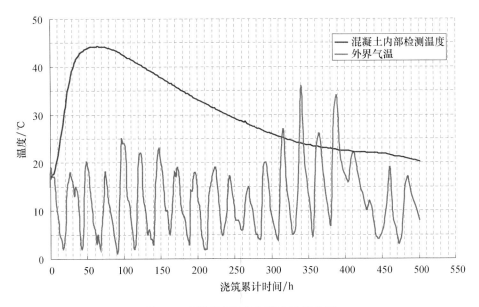

图 38　Ⅲ期管身顶板混凝土温度检测

3.5.2.2　对统计资料初步分析

(1)混凝土 28 d 强度平均值 38.2 MPa,是混凝土设计强度的 1.27 倍,是配制强度(35.8 MPa)的 1.07 倍,说明混凝土普遍超强。

(2)混凝土强度标准差为 2.1 MPa,$Ps=100\%$;混凝土生产质量水平满足《水工混凝土施工规范》(DL/T 5144—2001)要求。

(3)PO42.5 级鼎鑫水泥活性富裕偏高,水泥细度平均值为 0.4%,水泥性能良好。

在混凝土施工中,混凝土内部温度最高达 53.5 ℃,混凝土的温控和防裂压力非常大。混凝土抗压强度试验结果表明,混凝土平均强度达 38.2 MPa,超设计强度 27%。以上结果说明混凝土中胶材用量,特别是水泥用量还有很大的调整和优化空间。

因此,在保证质量、利于温控、方便施工的前提下,滹沱河倒虹吸工程Ⅲ期的混凝土配合比有必要做适当的调整。

3.5.3　滹沱河倒虹吸Ⅲ期工程

Ⅲ期混凝土内部埋设温度计显示,温度峰值在 44.0～44.3 ℃,较Ⅱ期混凝土内部水化热温度峰值下降了 9 ℃左右,说明Ⅲ期的混凝土配合比较适宜。

经过多次试验,并根据原材料检测结果提出了管身段混凝土配合比优化方案,在充分保障混凝土设计指标的基础上,减少了水泥用量,节约了费用,降低了水化热温升;改善了混凝土的工作性能,降低了混凝土温度裂缝发生的危险,进一步提高了混凝土的质量。

3.6 混凝土温控设计

混凝土开裂主要是水化热使混凝土温度升高而引起的,因此,采用适当措施控制混凝土温度升高和温度变化速度,在一定范围内就可避免出现裂缝。这些措施贯穿于混凝土施工的全过程,包括选择混凝土组成材料、施工安排、浇筑前后降低混凝土水化热的措施和养护保温等。

温度控制是防止混凝土施工期间产生裂缝的主要措施之一,施工时严格按照要求及有关规范实施。倒虹吸管身混凝土应在日平均气温稳定在 5 ℃ 以上的情况下施工,当日平均气温稳定在 5 ℃ 以下或最低气温在 −3 ℃ 以下时,应停止施工,或按施工规范中有关低温季节混凝土施工的规定执行;在老混凝土(龄期超过 28 d)面上浇筑新混凝土时,上下层允许温差不得超过 18 ℃;混凝土内外温差按不超过 24 ℃ 控制。

滹沱河倒虹吸工程位于东西季风气候区,一年中,夏、冬季的气温不适宜浇筑薄壁混凝土,最佳的浇筑时间有 210 d 左右。其允许最高浇筑温度:3 月为 8 ℃,4 月为 14 ℃,5 月为 20 ℃,6 月为 24 ℃,9 月为 22 ℃,10 月为 14 ℃,11 月为 8 ℃。

根据白天和夜间温度的高低,在一天中安排最佳浇筑时间,浇筑时,尽可能选择上午开盘,夜间或早上收盘,最大限度避免高温时段浇筑混凝土和进行混凝土收面,力争使每个仓号在最适宜的气温时段完成浇筑任务。

倒虹吸管身为整体式钢筋混凝土结构,首层将底板和底抹角部位的立墙浇筑完成。待底板强度等级达到设计值 50% 时,在该层上进行凿毛、冲洗等工作,该层的浇筑间歇时间控制在 3~7 d。由于该层暴露时间较长,应采用草袋等材料遮盖,并采取经常洒水养护措施,保持混凝土表面湿润,防止裂缝的产生。

倒虹吸管身立墙和顶板分两次浇筑,两次浇筑的间歇时间应控制在 3~7 d。由于底板和顶板浇筑方量较大,立墙浇筑高度大、铺料小、层面多,必须严格控制每小层混凝土的浇筑间歇时间,使其不超过混凝土的允许间歇值,防止形成冷缝。遇到特殊情况超过间歇时间时,应按施工冷缝进行处理。

3.7 控制原材料温度

夏季,在保证骨料堆放高度时,顶部采取遮阳棚、喷雾的办法,以降低骨料温度;同时,在运输过程中,对骨料予以遮盖,以避免途中暴晒。取料时,尽可能避免使用表面部位的骨料。水泥和粉煤灰凝胶材料,应在进场 1 d 后方可使用,以利于温度降低。施工过程中,两个拌和站交替使用,以达到混凝土降温。

在拌和过程中,全部使用井水,蓄水箱采用石棉包裹,尽可能减少井水水温变化。必要时,可在水箱中采用加热或加冰的办法以调节拌和用水的温度。同时,对拌和外加剂的容器加以遮盖和保温,以降低混凝土出机口温度。

3.8 拌和运输环节温控

低温季节,对搅拌主机和混凝土罐采取保温措施,以降低混凝土运输过程中的温度损失;加强现场调度,缩短混凝土运输和等待时间,对龙门吊式布料机采取全封闭保温。

高温季节,在拌和站周围洒水,以降低拌和站周围的环境温度;运料汽车加盖活动凉棚,浇筑现场搭设凉棚,以供等待卸料罐停放,避免阳光直射引起混凝土升温;定期校核拌和站的计量单位,保证混凝土均匀性和强度,提高混凝土抗拉裂能力。

在施工现场,对等待入仓时间超标的混凝土,必须经过坍落度试验和温度检测,合格后方可入仓。

3.9 混凝土仓号温度

高温季节,在仓号浇筑前,要充分洒水湿润,然后用风将仓号表面水分吹干;在混凝土没有覆盖的仓号其他部位,派专人洒水,以保持仓号湿润;如仓号内混凝土已经浇筑完成,在收面时搭设凉棚,以防止混凝土遭暴晒,产生假凝现象。

施工过程中,在混凝土浇筑振捣时,不过振、不漏振,保证混凝土振捣质量密实、均匀,避免因混凝土不均匀收面而造成开裂。

3.10 混凝土养护

低温季节,在混凝土外露层收面后,立即开始覆盖养护,并根据不同保护部位,选择不同的材料,主要采用三层覆盖,即先覆盖薄膜塑料,再用棉被,最后加一层薄膜覆盖保护。

高温季节,混凝土养护采取两到三层湿麻布覆盖保护,仓号不间歇机械式喷洒水雾保湿,使混凝土表面保持充分湿润。

对初凝后没有拆模的混凝土,应及时对模板进行洒水;混凝土终凝拆模后,表面要及时覆盖湿润的遮盖物,并洒水养护;有条件时可采用流水养护,但气温低于 5 ℃时,不得洒水。

管身立墙上部和顶板的混凝土,由于各种因素的影响,往往会产生施工质量差异。不仅影响该部位混凝土的质量,而且质量不同的混凝土的非均匀收缩会造成管身开裂。因此,施工时应对上述部位的混凝土施工采取可靠的应对措施,比如减小该部位混凝土的水灰比、改善振捣质量、吸除管顶多余的水浆、防止模板跑模、加强养护等,以增强混凝土的均匀性和密实性。

冬季来临之前浇筑的混凝土,在强度低于 10 MPa、成熟度小于 1800 ℃·h 时,当进入冬季后必须采取保温措施,以防混凝土受冻。保温层采用 4 cm 厚棉被,紧贴混凝土表面。

龄期未满 28 d 的混凝土,遭遇寒潮时,其暴露表面极易产生裂缝,应及时采取表面保护措施;寒潮过后,立即撤销保温材料,恢复至遮阳防晒措施。

对于各浇筑块的间歇期超过上述要求时,要采取可靠措施,防止混凝土干燥或受冻后产生裂缝,特别是对越冬面和度汛面更应注意保护,并应经常进行检查。

施工过程中,密切注意已浇筑完成的混凝土在硬化过程中的变化,一旦发现裂缝,应及时监测裂缝的发生和发展情况,对裂缝发生的时间、部位以及产状等详细记录,连同该区混凝土浇筑的资料一并报送有关单位,以便对裂缝产生的原因进行分析,提出处理措施。

第4章 施工仿真模拟

4.1 混凝土非稳定温度场和徐变应力场仿真

混凝土仿真计算是对施工过程、外界条件及其材料性质的变化等因素,进行的较为精确细致的模拟计算,意在得到与实际相符合的解。对于大体积混凝土,一般为分层浇筑,并且混凝土的温度计算参数和应力计算参数是随时间变化的,所以计算时必须充分考虑这些因素对计算的影响。

4.1.1 非稳定温度场计算

4.1.1.1 基本方程

在混凝土内部,即在区域 R 内,非稳定温度场 $T(x,y,z,t)$ 必须满足热传导方程:

$$\frac{\partial T}{\partial t} = \partial\left(\frac{\partial^2 T}{\partial x^2} + \frac{\partial^2 T}{\partial y^2} + \frac{\partial^2 T}{\partial z^2}\right) + \frac{\partial Q_i}{\rho_i c_i \partial \tau} \quad (\forall (x,y,x) \in R) \tag{4-1}$$

式中,∂ 为导温系数(m^2/h);Q_i、ρ_i、c_i 分别为第 i 批浇筑混凝土的水化热(密度、比热);τ 为混凝土龄期。

4.1.1.2 温度场有限元计算

施工期任意时刻 t,温度场的计算取如下泛函:

$$I(T) = \iiint\limits_{R_t}\left\{\frac{1}{2}\left[\left(\frac{\partial T}{\partial x}\right)^2 + \left(\frac{\partial T}{\partial y}\right)^2 + \left(\frac{\partial T}{\partial z}\right)^2\right] + \frac{1}{a}\left(\frac{\partial T}{\partial t} - \frac{\partial \theta}{\partial \tau}\right)T\right\} \mathrm{d}x\mathrm{d}y\mathrm{d}z +$$
$$\iint\limits_{\overline{s}_t^3}\frac{\beta}{\lambda}\left(\frac{T}{2} - T_a\right)T\mathrm{d}s \tag{4-2}$$

式中,∂ 为导温系数(m^2/h);λ 为导热系数;T_a 为气温;β 为表面放热系数,一般情况下 β 为外表面属性及时间的函数。

4.1.2 应力场计算

4.1.2.1 徐变应力及收缩应力基本方程

根据弹性徐变理论,用增量初应变方法计算施工期、运行期内由于变温和干缩等因素而引起的徐变应力变化规律。应变增量包括弹性应变增量、徐变应变增量、

温度应变增量、干缩应变增量和自生体积变形增量,即:

$$\Delta\xi_n = \Delta\xi_n + \Delta\varepsilon_n^c + \Delta\varepsilon_n^T + \Delta\varepsilon_n^s + \Delta\varepsilon_n^o \tag{4-3}$$

式中,$\Delta\varepsilon_n^e$ 为弹性应变增量;$\Delta\varepsilon_n^c$ 为徐变应变增量;$\Delta\varepsilon_n^T$ 为温度应变增量;$\Delta\varepsilon_n^s$ 为干缩应变增量;$\Delta\varepsilon_n^o$ 为自生体积变形增量。

4.1.2.2 徐变应力场有限元计算

由物理方程和几何、平衡方程可得任意时段 Δt,该时段在区域 R 上的有限元支配方程:

$$K_i\Delta\delta_i = \Delta P_i^G + \Delta P_i^C + \Delta P_i^T + \Delta P_i^S \tag{4-4}$$

式中,$\Delta\delta_i$ 为 R 区域内所有节点三个方向上的位移增量;ΔP_i^G 为 Δt_i 时段内由外荷载引起的等效节点力增量;ΔP_i^C 为徐变引起的等效节点力增量;ΔP_i^T 为变温引起的等效节点力增量;ΔP_i^S 为干缩和其他因素引起的等效节点力增量。

通过混凝土中温度场和徐变应力场的非恒定时空复杂问题的求解,能对整个施工和运行过程进行严格意义上的数值仿真模拟。其中,须考虑工程中所遇到的各种各样的问题和现象,如混凝土的具体施工浇筑过程、养护过程、立模和拆模时间、施工间歇过程、风速变化过程、空气湿度变化过程、降雨过程等;能事先预测工程结构中任何一点处、任何时刻温度大小、应力大小及是否会开裂等信息;对混凝土结构进行细致的防裂研究,提高工程的抗裂能力与安全度。

要实现仿真计算,必须使计算域随施工情况而变化;同时,边界条件也应随外部环境的变化而变化,以达到温度场和应力场变化过程的仿真模拟。

滹沱河倒虹吸工程经过三年建设,已顺利完工。在浇筑 11 万 m³ 薄壁混凝土施工过程中没有发生裂缝,这在国内外混凝土施工史上是不多见的。

4.2 基本资料及计算参数

4.2.1 混凝土浇筑分层

滹沱河倒虹吸每节钢筋混凝土管身段施工均分为三层,先施工底板(2.1 m),再施工边墙(4.1 m),最后施工顶板(2.6 m),见图39。其中,78♯管底板于 2005 年 3 月 19 日开始浇筑,间隔 9 d 浇筑中墙,再间隔 9 d 浇筑顶板。

4.2.2 环境温度

滹沱河倒虹吸工程所处区域 7 月多年平均气温 26.6 ℃,1 月多年平均气温 -2.7 ℃,极端最高气温 42.7 ℃,极端最低气温 -19.8 ℃。

本次仿真分析以滹沱河倒虹吸 2005 年施工的 78♯管段为基础,混凝土浇筑及养护期环境温度如表 4 所示。

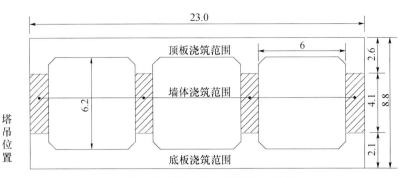

图 39　管身段混凝土施工分层图　　单位:m

表 4　78♯管段浇筑及养护期环境温度　　　　　　　　单位:℃

日期/(月-日)	气温	日期/(月-日)	气温	日期/(月-日)	气温	日期/(月-日)	气温
	5.0		3.8		7.0		8.5
3-19	13.0	3-25	20.8	3-31	16.3	4-6	31.5
	9.0		15.8		11.0		21.0
	2.0		5.0		7.3		16.5
3-20	15.8	3-26	19.0	4-1	13.5	4-7	21.5
	11.5		13.8		10.0		19.5
	7.3		5.3		4.0		11.5
3-21	16.5	3-27	19.8	4-2	8.8	4-8	11.0
	9.8		15.8		11.0		4.5
	3.8		7.8		4.5		6.0
3-22	16.8	3-28	18.0	4-3	23.5	4-9	15.0
	14.8		12.5		13.5		7.5
	6.3		5.0		5.5		4.0
3-23	17.5	3-29	15.3	4-4	32.0	4-10	16.0
	10.0		11.5		18.5		12.5
	4.0		3.0		7.5		4.0
3-24	14.8	3-30	16.3	4-5	24.5	4-11	9.0
	10.3		17.0		18.0		

注:表中气温为 8 h 实测气温平均值。

4.2.3　计算依据

本工程以《水工混凝土结构设计规范》(SL/T 191—96)、南水北调滹沱河倒虹吸工程Ⅱ标段混凝土(砂浆)配料单、Ⅲ期 78♯ 管段混凝土内部温度检测值及外界气温记录为依据。

4.2.4 计算参数

4.2.4.1 混凝土弹性模量

混凝土弹性模量计算公式：

$$E(t) = E_{28}(1 - e^{-0.28t^{0.52}}) \tag{4-5}$$

式中，$E(t)$ 为混凝土龄期 t 时的弹性模量；E_{28} 为混凝土龄期 28 d 时的弹性模量，E_{28} 取 3.0×10^4 MPa；t 为混凝土龄期(d)。

4.2.4.2 混凝土绝热温升

混凝土绝热温升公式：

$$T(t) = \frac{Q(t)C}{c\rho}(1 - 0.75p) \tag{4-6}$$

式中，$T(t)$ 为混凝土龄期 t 时的绝热水化热温升(℃)；c 为混凝土的比热，取 0.96 kJ/(kg・℃)；ρ 为混凝土密度(kg/m³)；C 为混凝土中水泥用量(kg/m³)；$Q(t)$ 为水泥水化热(kJ/kg)。

4.2.4.3 C30W6F50 混凝土热学特性

倒虹吸管身段采用的 C30W6F50 混凝土的热学特性如表 5 所示。

表 5　78♯管段 C30W6F50 混凝土热学特性

线膨胀系数/℃	导热系数/(kJ/(m・h・℃))	比热/(kJ/(kg・℃))	等效系数/(kJ/(m²・h・℃))
9×10^{-6}	10.6	0.96	5.83

4.2.5 计算荷载

计算仅考虑混凝土浇筑温度、浇筑及养护期的气温变化、水泥水化热引起的温度变化。

4.3　有限元模型

4.3.1 计算范围

由于结构具有两个对称轴，所受温度作用也可近似关于这两个轴对称，故取倒虹吸管身 1/4 计算。底部取 1 m 深基础，基础长度方向同倒虹吸混凝土管身，宽度方向比管身宽出 1 m。

4.3.2 边界条件

4.3.2.1 温度场计算边界条件

混凝土与空气接触的部分施加热交换条件，对称面上施加绝热边界条件，基础底部及四周施加绝热边界条件。

4.3.2.2　结构计算边界条件

基础底部及四周施加沿截面法线方向的刚性链杆,倒虹吸管身对称面上施加沿截面法线方向的刚性链杆。

4.3.3　计算模型

4.3.3.1　结构坐标系

模型的建立采用直角坐标系,管身宽度方向为 x 轴,从左向右为 x 轴正向;竖直方向为 y 轴,向上为正;水流方向为 z 轴,逆水流为正。坐标原点位于倒虹吸管身左外侧面与底板地面和长度方向对称面的交点上。

4.3.3.2　三维模型建立

计算采用国际通用软件 ANSYS 完成。有限元模型单元总数为 8320 个,节点总数为 10710 个。有限元模型采用 8 节点六面体单元,热分析采用 Solid 70 单元,结构分析采用 Solid 45 单元,模型如图 40 所示。

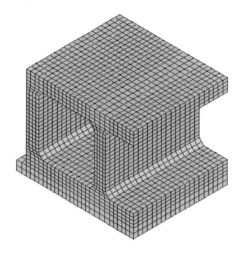

图 40　滹沱河倒虹吸混凝土管身有限元网格图

4.4　计算结果

4.4.1　施工期温度场仿真计算结果

表 6 给出了浇筑及养护期间混凝土内部温度实际资料;图 41 和图 43 给出了 2005 年实测气温、底板和中墙混凝土温度随龄期变化曲线;图 42 和图 44 给出了仿真计算得到的温度随龄期变化的时程线;图 45～图 54 给出了一定数量荷载步浇筑及养护期的混凝土温度场的变化情况。

表6 浇筑及养护期的混凝土内部温度   单位：℃

日期/(月-日)	底板温度	墙体温度	日期/(月-日)	底板温度	墙体温度
	12.0	—	3-30	27.2	37.2
3-19	14.4	—		26.9	35.8
	17.9	—	3-31	26.6	34.8
	23.9	—		26.3	34.0
3-20	31.4	—		26.1	33.1
	36.1	—	4-1	25.9	32.3
	39.0	—		25.7	31.9
3-21	40.0	—		25.6	31.2
	41.0	—	4-2	25.4	30.4
	41.3	—		25.2	28.8
3-22	41.2	—		24.9	28.4
	40.8	—	4-3	24.8	27.5
	40.3	—		24.4	26.9
3-23	39.8	—		24.2	26.4
	39.1	—	4-4	24.0	26.0
	37.8	—		23.7	25.4
3-24	36.9	—		23.5	25.2
	36.2	—	4-5	23.3	24.8
	35.6	—		23.1	24.5
3-25	34.5	—		22.9	24.3
	33.9	—	4-6	22.7	24.0
	33.1	—		22.5	23.8
3-26	32.6	—		22.4	23.7
	32.4	—	4-7	22.2	23.5
	31.9	—		22.1	23.3
3-27	31.4	—		22.0	23.2
	30.9	—	4-8	21.8	23.1
	30.3	15.6		21.7	22.9
3-28	29.8	19.3		21.6	22.4
	29.4	28.1	4-9	21.4	22.0
	29.0	32.8		21.3	21.5
3-29	28.5	27.0		21.1	21.3
	28.2	28.6	4-10	21.1	21.2
	27.9	39.1		20.9	21.0
3-30	27.5	38.5	4-11	20.8	20.9

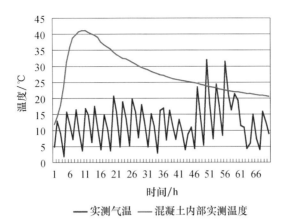

图 41 实测气温及底板混凝土内部实测温度过程曲线

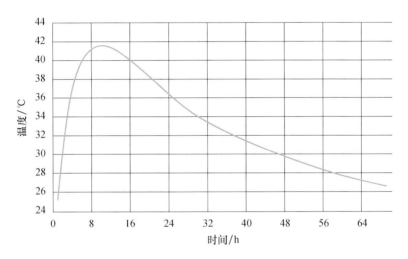

图 42 有限元计算底板混凝土内部温度过程曲线

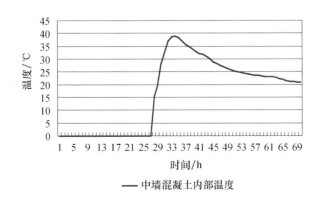

图 43 中墙混凝土内部实测温度过程曲线

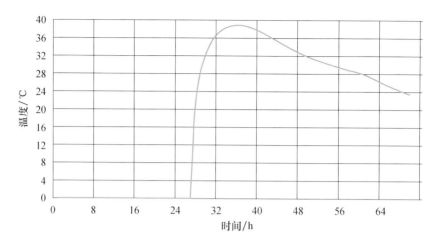

图 44　有限元计算中墙混凝土内部温度过程曲线

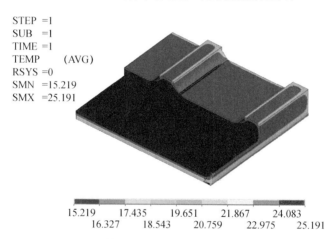

STEP =1
SUB =1
TIME =1
TEMP　(AVG)
RSYS =0
SMN =15.219
SMX =25.191

15.219		17.435		19.651		21.867		24.083	
	16.327		18.543		20.759		22.975		25.191

图 45　第一荷载步温度云图　　单位:℃

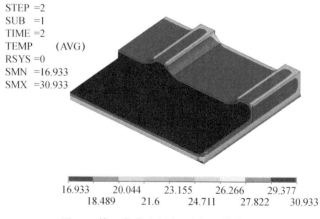

STEP =2
SUB =1
TIME =2
TEMP　(AVG)
RSYS =0
SMN =16.933
SMX =30.933

16.933		20.044		23.155		26.266		29.377	
	18.489		21.6		24.711		27.822		30.933

图 46　第二荷载步温度云图　　单位:℃

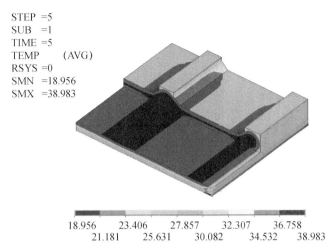

STEP =5
SUB =1
TIME =5
TEMP   (AVG)
RSYS =0
SMN =18.956
SMX =38.983

18.956　　23.406　　27.857　　32.307　　36.758
　　21.181　　25.631　　30.082　　34.532　　38.983

图 47　第五荷载步温度云图　　单位:℃

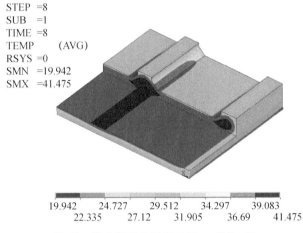

STEP =8
SUB =1
TIME =8
TEMP   (AVG)
RSYS =0
SMN =19.942
SMX =41.475

19.942　　24.727　　29.512　　34.297　　39.083
　　22.335　　27.12　　31.905　　36.69　　41.475

图 48　第八荷载步温度云图　　单位:℃

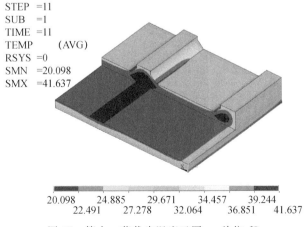

STEP =11
SUB =1
TIME =11
TEMP   (AVG)
RSYS =0
SMN =20.098
SMX =41.637

20.098　　24.885　　29.671　　34.457　　39.244
　　22.491　　27.278　　32.064　　36.851　　41.637

图 49　第十一荷载步温度云图　　单位:℃

STEP =14
SUB =1
TIME =14
TEMP (AVG)
RSYS =0
SMN =20.42
SMX =40.859

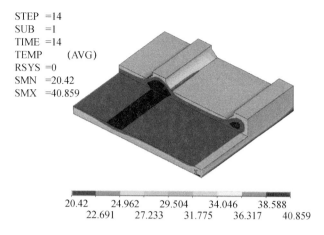

| 20.42 | | 24.962 | | 29.504 | | 34.046 | | 38.588 | |
| | 22.691 | | 27.233 | | 31.775 | | 36.317 | | 40.859 |

图 50　第十四荷载步温度云图　　单位：℃

STEP =35
SUB =1
TIME =35
TEMP (AVG)
RSYS =0
SMN =19.237
SMX =39.24

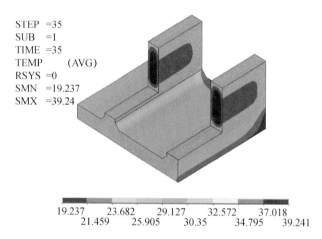

| 19.237 | | 23.682 | | 29.127 | | 32.572 | | 37.018 | |
| | 21.459 | | 25.905 | | 30.35 | | 34.795 | | 39.241 |

图 51　第三十五荷载步温度云图　　单位：℃

STEP =38
SUB =1
TIME =38
TEMP (AVG)
RSYS =0
SMN =19.426
SMX =39.824

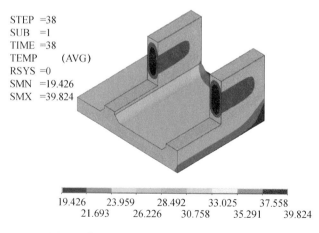

| 19.426 | | 23.959 | | 28.492 | | 33.025 | | 37.558 | |
| | 21.693 | | 26.226 | | 30.758 | | 35.291 | | 39.824 |

图 52　第三十八荷载步温度云图　　单位：℃

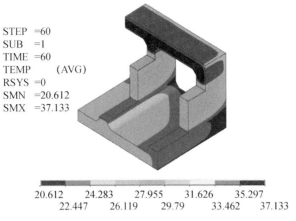

STEP　=60
SUB　=1
TIME　=60
TEMP　　(AVG)
RSYS　=0
SMN　=20.612
SMX　=37.133

| 20.612 | 24.283 | 27.955 | 31.626 | 35.297 |
| 22.447 | 26.119 | 29.79 | 33.462 | 37.133 |

图 53　第六十荷载步温度云图　　单位:℃

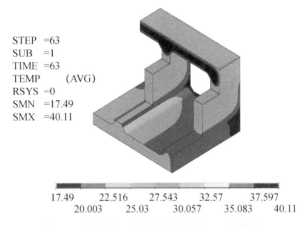

STEP　=63
SUB　=1
TIME　=63
TEMP　　(AVG)
RSYS　=0
SMN　=17.49
SMX　=40.11

| 17.49 | 22.516 | 27.543 | 32.57 | 37.597 |
| 20.003 | 25.03 | 30.057 | 35.083 | 40.11 |

图 54　第六十三荷载步温度云图　　单位:℃

　　可以看出,两条混凝土温度随龄期变化的时程线基本吻合。由于水化热的作用,浇筑后混凝土内部的温度迅速上升,在浇筑后 6.5～8.0 h 温度最高,混凝土内部最高温度在 38～42 ℃,混凝土绝对温升在 25 ℃左右,之后开始缓慢下降。各层混凝土浇筑后,当混凝土达到最高温度后,由于表面散热,温度下降较快;而混凝土内部,特别是在底板及顶板对应于中墙部分,温度下降较慢。中墙侧面温度下降较快,而底板及顶板的侧角部分及各层的结合处,温度变化幅度很大。在采取有效保温措施的情况下,混凝土内外温差最大值可达 7 ℃。如果不采取保温措施,当外界气温较低时,混凝土表面温度受气温影响,也会较低;此时,由于混凝土内部温度高,混凝土内外温差就会超过设计温差要求,导致过高的温度应力,致使混凝土开裂。因此,不但在气温较低时,要对混凝土采取保温措施,当昼夜温差较大时,对混凝土采取保温措施也是必要的。

4.4.2　施工期应力场仿真计算结果

　　为能全面认识浇筑及养护期温度变化所导致的在混凝土中产生的应力,根据仿真计算结果及以往温度应力在混凝土结构中产生裂缝的规律,底板仅给出 z 向和 x 向的正应力,不再给出 y 向正应力。墙体仅给出 z 向和 y 向的正应力,不再给出 x 向正应力。

4.4.2.1 底板表面正应力

图 55~图 62 给出了部分荷载步底板表面 z 向和 x 向的正应力,图 63 给出了底板表面 z 向最大正应力时程曲线,图 64 给出了底板表面 x 向最大正应力时程曲线。其中,z 向正应力最大值 0.22 MPa,出现在管身的中部区域,远小于 C30W6F50 混凝土的强度设计值;x 向正应力最大值 0.60 MPa,出现在管身中部底板表面靠近侧墙区域,远小于 C30W6F50 混凝土的强度设计值。

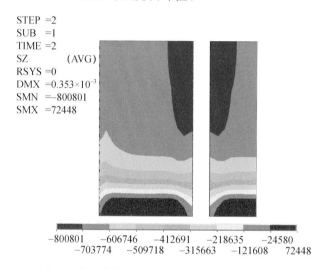

图 55 第二荷载步底板表面 z 向应力 单位:Pa

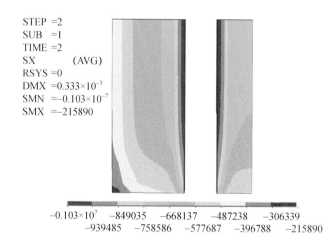

图 56 第二荷载步底板表面 x 向应力 单位:Pa

STEP =17
SUB =1
TIME =17
SZ　　(AVG)
RSYS =0
DMX =0.622×10^{-3}
SMN =-0.292×10^{7}
SMX =332190

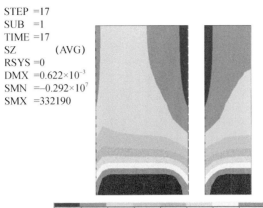

-0.292×10^{7}　-0.219×10^{7}　-0.147×10^{7}　-750840　-28820
　　$-0.256E\times10^{7}$　-0.183×10^{7}　-0.111×10^{7}　-389830　332190

图 57　第十七荷载步底板表面 z 向应力　　单位：Pa

STEP =17
SUB =1
TIME =17
SX　　(AVG)
RSYS =0
DMX =0.573×10^{-3}
SMN =-0.300×10^{7}
SMX =271926

-0.300×10^{7}　-0.228×10^{7}　-0.155×10^{7}　-819678　-91942
　　-0.264×10^{7}　-0.191×10^{7}　-0.118×10^{7}　-455810　271926

图 58　第十七荷载步底板表面 x 向应力　　单位：Pa

STEP =26
SUB =1
TIME =26
SZ　　(AVG)
RSYS =0
DMX =0.589×10^{-3}
SMN =-0.278×10^{7}
SMX =280675

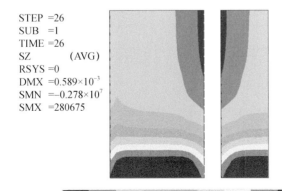

-0.278×10^{7}　-0.210×10^{7}　-0.142×10^{7}　-739010　-59220
　　-0.244×10^{7}　-0.176×10^{7}　-0.108×10^{7}　-399115　280675

图 59　第二十六荷载步底板表面 z 向应力　　单位：Pa

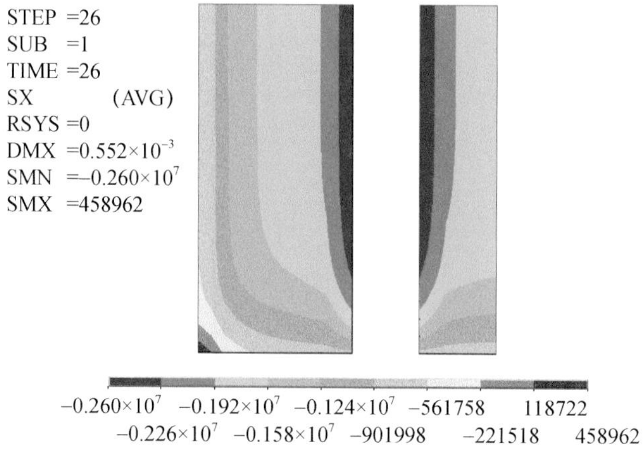

STEP =26
SUB =1
TIME =26
SX   (AVG)
RSYS =0
DMX =0.552×10^{-3}
SMN =−0.260×10^{7}
SMX =458962

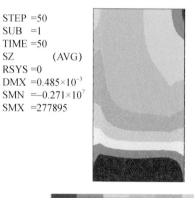

−0.260×10^{7} −0.192×10^{7} −0.124×10^{7} −561758   118722
      −0.226×10^{7} −0.158×10^{7} −901998   −221518   458962

图 60 第二十六荷载步底板表面 x 向应力   单位:Pa

STEP =50
SUB =1
TIME =50
SZ   (AVG)
RSYS =0
DMX =0.485×10^{-3}
SMN =−0.271×10^{7}
SMX =277895

−0.271×10^{7} −0.204×10^{7} −0.138×10^{7} −717112   −53774
      −0.238×10^{7} −0.171×10^{7} −0.105×10^{7} −385443   277895

图 61 第五十荷载步底板表面 z 向应力   单位:Pa

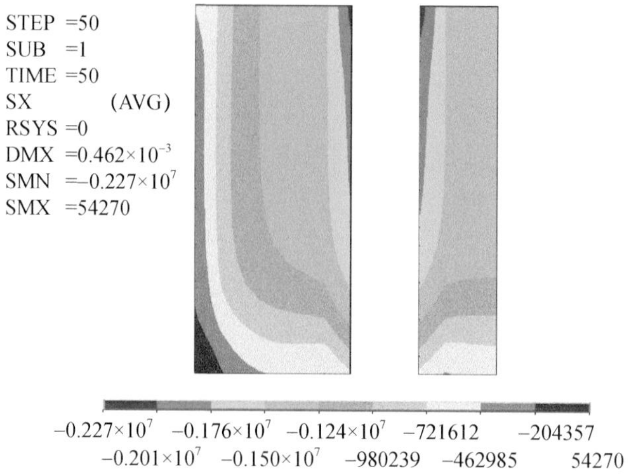

STEP =50
SUB =1
TIME =50
SX   (AVG)
RSYS =0
DMX =0.462×10^{-3}
SMN =−0.227×10^{7}
SMX =54270

−0.227×10^{7} −0.176×10^{7} −0.124×10^{7} −721612   −204357
      −0.201×10^{7} −0.150×10^{7} −980239   −462985   54270

图 62 第五十荷载步底板表面 x 向应力   单位:Pa

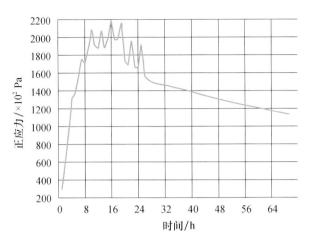

图 63　底板表面 z 向最大正应力时程曲线

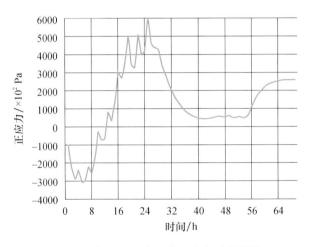

图 64　底板表面 x 向最大正应力时程曲线

4.4.2.2　底板厚度方向中部水平截面正应力

图 65～图 74 给出了部分荷载步底板厚度方向（$y=0.65$ m）中部水平截面正应力。由图可以看出，该截面的正应力均为压应力，表明底板厚度方向中部处于受压应力状态。

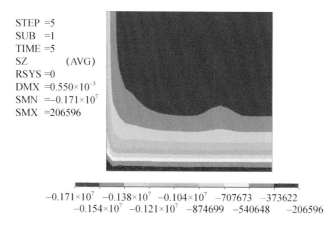

STEP =5
SUB =1
TIME =5
SZ   (AVG)
RSYS =0
DMX =0.550×10⁻³
SMN =−0.171×10⁷
SMX =206596

$-0.171×10^7$ $-0.138×10^7$ $-0.104×10^7$ -707673 -373622
  $-0.154×10^7$ $-0.121×10^7$ -874699 -540648 -206596

图 65　第五荷载步底板截面 z 向正应力　单位:Pa

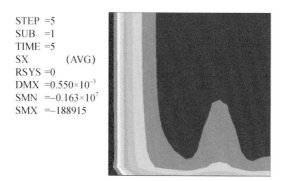

STEP =5
SUB =1
TIME =5
SX   (AVG)
RSYS =0
DMX =0.550×10⁻³
SMN =−0.163×10⁷
SMX =−188915

$-0.163×10^7$ $-0.131×10^7$ -989409 -669212 -3491014
  $-0.147×10^7$ $-0.115×10^7$ -829310 -509113 -188915

图 66　第五荷载步底板截面 x 向正应力　单位:Pa

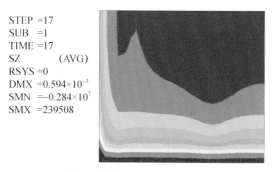

STEP =17
SUB =1
TIME =17
SZ   (AVG)
RSYS =0
DMX =0.594×10⁻³
SMN =−0.284×10⁷
SMX =239508

$-0.284×10^7$ $-0.226×10^7$ $-0.168×10^7$ $-0.110×10^7$ -527897
  $-0.255×10^7$ $-0.197×10^7$ $-0.139×10^7$ -816286 -239508

图 67　第十七荷载步底板截面 z 向正应力　单位:Pa

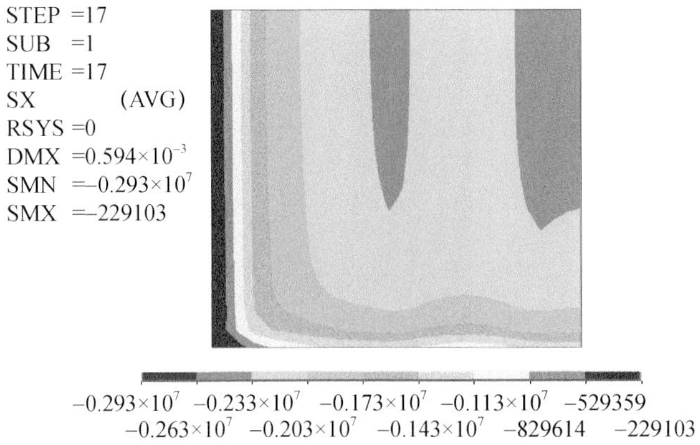

STEP =17
SUB =1
TIME =17
SX   (AVG)
RSYS =0
DMX =0.594×10^{-3}
SMN =−0.293×10^7
SMX =−229103

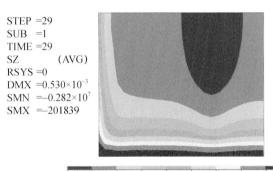

$-0.293×10^7$ $-0.233×10^7$ $-0.173×10^7$ $-0.113×10^7$ -529359
     $-0.263×10^7$ $-0.203×10^7$ $-0.143×10^7$ -829614 -229103

图 68 第十七荷载步底板截面 x 向正应力   单位:Pa

STEP =29
SUB =1
TIME =29
SZ   (AVG)
RSYS =0
DMX =0.530×10^{-3}
SMN =−0.282×10^7
SMX =−201839

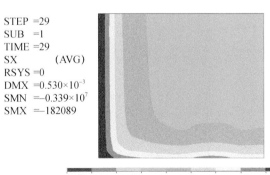

$-0.282×10^7$ $-0.223×10^7$ $-0.165×10^7$ $-0.107×10^7$ -492221
     $-0.252×10^7$ $-0.194×10^7$ $-0.136×10^7$ -782603 -201839

图 69 第二十九荷载步底板截面 z 向正应力   单位:Pa

STEP =29
SUB =1
TIME =29
SX   (AVG)
RSYS =0
DMX =0.530×10^{-3}
SMN =−0.339×10^7
SMX =−182089

$-0.339×10^7$ $-0.268×10^7$ $-0.196×10^7$ $-0.125×10^7$ -538290
     $-0.303×10^7$ $-0.232×10^7$ $-0.161×10^7$ -894491 -182089

图 70 第二十九荷载步底板截面 x 向正应力   单位:Pa

STEP =53
SUB =1
TIME =53
SZ   (AVG)
RSYS =0
DMX =0.424×10⁻³
SMN =−0.272×10⁷
SMX =−163338

-0.272×10⁷   -0.215×10⁷   -0.159×10⁷   -0.102×10⁷   -447696
    -0.244×10⁷   -0.187×10⁷   -0.130×10⁷   -732054   -163338

图 71　第五十三荷载步底板截面 z 向正应力　　单位：Pa

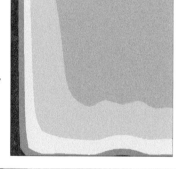

STEP =53
SUB =1
TIME =53
SX   (AVG)
RSYS =0
DMX =0.424×10⁻³
SMN =−0.365×10⁷
SMX =−142696

-0.365×10⁷   -0.287×10⁷   -0.209×10⁷   -0.131×10⁷   -532357
    -0.326×10⁷   -0.248×10⁷   -0.170×10⁷   -922019   -142696

图 72　第五十三荷载步底板截面 x 向正应力　　单位：Pa

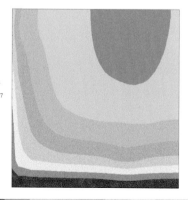

STEP =68
SUB =1
TIME =68
SZ   (AVG)
RSYS =0
DMX =0.386×10⁻³
SMN =−0.268×10⁷
SMX =−143705

-0.268×10⁷   -0.212×10⁷   -0.155×10⁷   -990416   -425942
    -0.240×10⁷   -0.184×10⁷   -0.127×10⁷   -708179   -143705

图 73　第六十八荷载步底板截面 z 向正应力　　单位：Pa

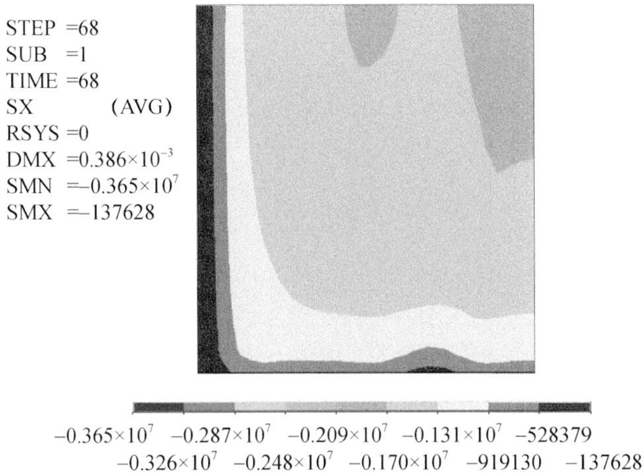

STEP =68
SUB =1
TIME =68
SX　　　(AVG)
RSYS =0
DMX =0.386×10⁻³
SMN =−0.365×10⁷
SMX =−137628

$$-0.365 \times 10^7 \quad -0.287 \times 10^7 \quad -0.209 \times 10^7 \quad -0.131 \times 10^7 \quad -528379$$
$$-0.326 \times 10^7 \quad -0.248 \times 10^7 \quad -0.170 \times 10^7 \quad -919130 \quad -137628$$

图 74　第六十八荷载步底板截面 x 向正应力　　单位:Pa

4.4.2.3　墙体表面正应力

图 75～图 92 给出了部分荷载步中、边墙表面 z 向和 y 向的正应力,图 93 给出了底板与中墙结合处 z 向最大正应力点 σ_z 时程曲线,图 94 给出了底板与中墙结合处 x 向最大正应力点 σ_y 时程曲线。

由图可以看出,中、边墙表面 z 向正应力分布及具体数值基本一致,中、边墙表面 y 向正应力分布及具体数值大多数荷载步基本一致,只是在最后十几步略有出入,但差距不大。中、边墙表面的 z 向正应力最大值出现在管身中部底板与中墙的浇筑层结合处,其最大正应力约为 1.40 MPa,小于 C30W6F50 混凝土的强度设计值,最大值出现在底板浇筑后约 15 d 时。从时间上看,此时底板的混凝土达到了一定的强度,对墙体浇筑时温度变化产生的变形有了一定的约束作用,此时也正是中墙混凝土降温期。中墙和顶板结合处的正应力的值,到计算结束时还在增长,但由于中墙对顶板的约束作用较底板对中墙的约束作用小,因此,可以预计,最大拉应力不会超出底板与中墙的浇筑层结合处。

从应力图中可以看出, y 向最大正应力的值为 0.9 MPa,应力小于 C30W6F50 混凝土的强度设计值。

STEP =2
SUB =1
TIME =2
SZ　　　(AVG)
RSYS =0
DMX =0.505×10⁻³
SMN =−806049
SMX =186217

$$-806049 \quad -585546 \quad -365042 \quad -144538 \quad 75965$$
$$-695797 \quad -475294 \quad -254790 \quad -34287 \quad 186217$$

图 75　第二荷载步墙体表面 z 向正应力　　单位:Pa

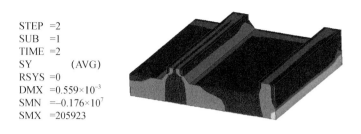

STEP =2
SUB =1
TIME =2
SY (AVG)
RSYS =0
DMX =0.559×10⁻³
SMN =−0.176×10⁷
SMX =205923

$$-0.176\times10^7 \quad -0.132\times10^7 \quad -886905 \quad -449774 \quad 12643$$
$$-0.154\times10^7 \quad -0.111\times10^7 \quad -668339 \quad -231208 \quad 205923$$

图 76　第二荷载步墙体表面 y 向正应力　　单位：Pa

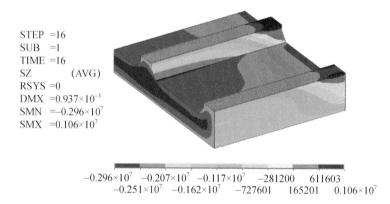

STEP =16
SUB =1
TIME =16
SZ (AVG)
RSYS =0
DMX =0.937×10⁻³
SMN =−0.296×10⁷
SMX =0.106×10⁷

$$-0.296\times10^7 \quad -0.207\times10^7 \quad -0.117\times10^7 \quad -281200 \quad 611603$$
$$-0.251\times10^7 \quad -0.162\times10^7 \quad -727601 \quad 165201 \quad 0.106\times10^7$$

图 77　第十六荷载步墙体表面 z 向正应力　　单位：Pa

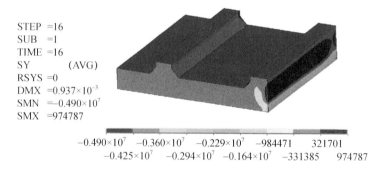

STEP =16
SUB =1
TIME =16
SY (AVG)
RSYS =0
DMX =0.937×10⁻³
SMN =−0.490×10⁷
SMX =974787

$$-0.490\times10^7 \quad -0.360\times10^7 \quad -0.229\times10^7 \quad -984471 \quad 321701$$
$$-0.425\times10^7 \quad -0.294\times10^7 \quad -0.164\times10^7 \quad -331385 \quad 974787$$

图 78　第十六荷载步墙体表面 y 向正应力　　单位：Pa

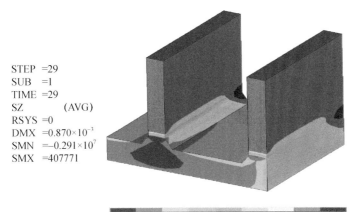

STEP =29
SUB =1
TIME =29
SZ (AVG)
RSYS =0
DMX =$0.870×10^{-3}$
SMN =$-0.291×10^7$
SMX =407771

$-0.291×10^7$ $-0.218×10^7$ $-0.144×10^7$ -699171 38790
$-0.254×10^7$ $-0.181×10^7$ $-0.107×10^7$ -330190 407771

图 79 第二十九荷载步墙体表面 z 向正应力 单位:Pa

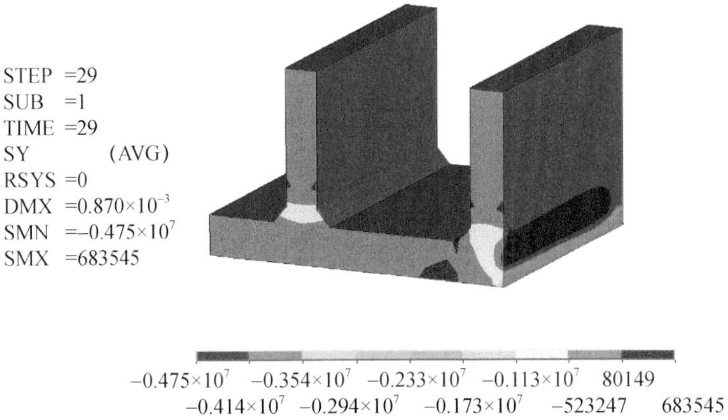

STEP =29
SUB =1
TIME =29
SY (AVG)
RSYS =0
DMX =$0.870×10^{-3}$
SMN =$-0.475×10^7$
SMX =683545

$-0.475×10^7$ $-0.354×10^7$ $-0.233×10^7$ $-0.113×10^7$ 80149
$-0.414×10^7$ $-0.294×10^7$ $-0.173×10^7$ -523247 683545

图 80 第二十九荷载步墙体表面 y 向正应力 单位:Pa

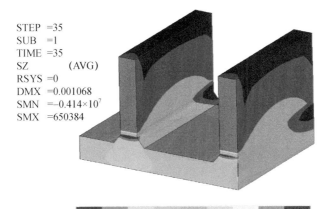

STEP =35
SUB =1
TIME =35
SZ (AVG)
RSYS =0
DMX =0.001068
SMN =$-0.414×10^7$
SMX =650384

$-0.414×10^7$ $-0.307×10^7$ $-0.201×10^7$ -945034 118578
$-0.360×10^7$ $-0.254×10^7$ $-0.148×10^7$ -413228 650384

图 81 第三十五荷载步墙体表面 z 向正应力 单位:Pa

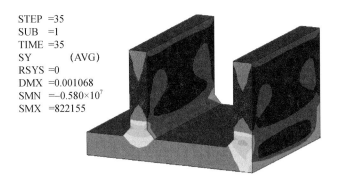

STEP =35
SUB =1
TIME =35
SY   (AVG)
RSYS =0
DMX =0.001068
SMN =-0.580×10^7
SMX =822155

-0.580×10^7	-0.432×10^7	-0.285×10^7	-0.138×10^7	86891
-0.506×10^7	-0.359×10^7	-0.212×10^7	-648373	822155

图 82   第三十五荷载步墙体表面 y 向正应力   单位:Pa

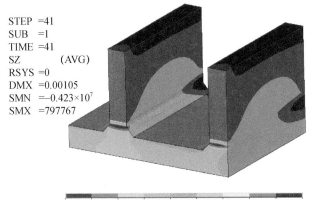

STEP =41
SUB =1
TIME =41
SZ   (AVG)
RSYS =0
DMX =0.00105
SMN =-0.423×10^7
SMX =797767

-0.423×10^7	-0.311×10^7	-0.200×10^7	-878217	239105
-0.367×10^7	-0.255×10^7	-0.144×10^7	-319556	797767

图 83   第四十一荷载步墙体表面 z 向正应力   单位:Pa

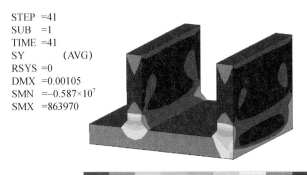

STEP =41
SUB =1
TIME =41
SY   (AVG)
RSYS =0
DMX =0.00105
SMN =-0.587×10^7
SMX =863970

-0.587×10^7	-0.438×10^7	-0.288×10^7	-0.138×10^7	115232
-0.513×10^7	-0.363×10^7	-0.213×10^7	-633506	863970

图 84   第四十一荷载步墙体表面 y 向正应力   单位:Pa

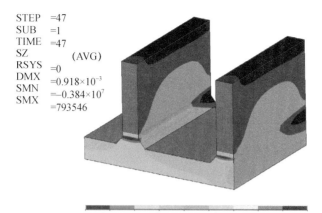

STEP =47
SUB =1
TIME =47
SZ 　　(AVG)
RSYS =0
DMX =0.918×10⁻³
SMN =−0.384×10⁷
SMX =793546

$-0.384×10^7$　$-0.281×10^7$　$-0.178×10^7$　-752607　278162
　$-0.333×10^7$　$-0.230×10^7$　$-0.127×10^7$　-237222　793546

图 85　第四十七荷载步墙体表面 z 向正应力　　单位：Pa

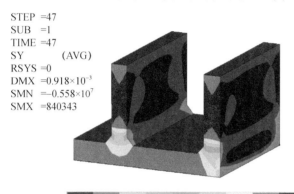

STEP =47
SUB =1
TIME =47
SY 　　(AVG)
RSYS =0
DMX =0.918×10⁻³
SMN =−0.558×10⁷
SMX =840343

$-0.558×10^7$　$-0.415×10^7$　$-0.273×10^7$　$-0.130×10^7$　127260
　$-0.486×10^7$　$-0.344×10^7$　$-0.201×10^7$　-585823　840343

图 86　第四十七荷载步墙体表面 y 向正应力　　单位：Pa

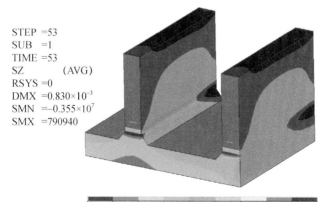

STEP =53
SUB =1
TIME =53
SZ 　　(AVG)
RSYS =0
DMX =0.830×10⁻³
SMN =−0.355×10⁷
SMX =790940

$-0.355×10^7$　$-0.258×10^7$　$-0.162×10^7$　-655817　308688
　$-0.307×10^7$　$-0.210×10^7$　$-0.114×10^7$　-173565　790940

图 87　第五十三荷载步墙体表面 z 向正应力　　单位：Pa

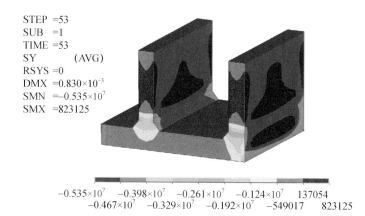

STEP =53
SUB =1
TIME =53
SY   (AVG)
RSYS =0
DMX =0.830×10⁻³
SMN =−0.535×10⁷
SMX =823125

$-0.535×10^7$ $-0.398×10^7$ $-0.261×10^7$ $-0.124×10^7$ 137054
$-0.467×10^7$ $-0.329×10^7$ $-0.192×10^7$ -549017 823125

图 88   第五十三荷载步墙体表面 y 向正应力   单位:Pa

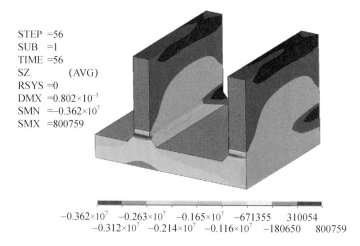

STEP =56
SUB =1
TIME =56
SZ   (AVG)
RSYS =0
DMX =0.802×10⁻³
SMN =−0.362×10⁷
SMX =800759

$-0.362×10^7$ $-0.263×10^7$ $-0.165×10^7$ -671355 310054
$-0.312×10^7$ $-0.214×10^7$ $-0.116×10^7$ -180650 800759

图 89   第五十六荷载步墙体表面 z 向正应力   单位:Pa

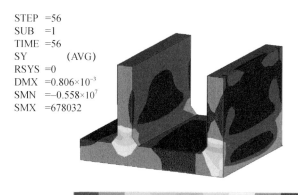

STEP =56
SUB =1
TIME =56
SY   (AVG)
RSYS =0
DMX =0.806×10⁻³
SMN =−0.558×10⁷
SMX =678032

$-0.558×10^7$ $-0.419×10^7$ $-0.280×10^7$ $-0.141×10^7$ -17137
$-0.488×10^7$ $-0.349×10^7$ $-0.210×10^7$ -712305 678032

图 90   第五十六荷载步墙体表面 y 向正应力   单位:Pa

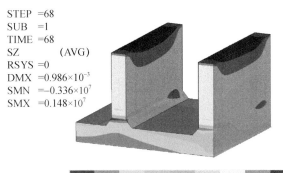

图 91 第六十八荷载步墙体表面 z 向正应力 单位：Pa

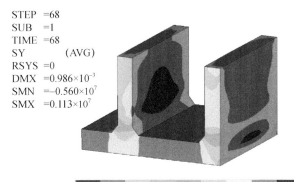

图 92 第六十八荷载步墙体表面 y 向正应力 单位：Pa

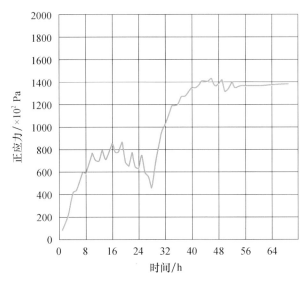

图 93 底板与中墙结合处 z 向正应力最大点 σ_z 时程曲线

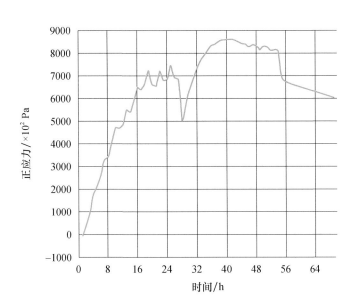

图 94　底板与中墙结合处 y 向正应力最大点 σ_y 时程曲线

4.4.2.4　墙体厚度方向中部截面正应力

图 95～图 106 给出了部分荷载步墙体厚度方向中部纵向截面正应力,图 107 给出了墙体厚度方向中部纵向截面 y 向最大正应力点 σ_y 时程曲线,图 108 给出了墙体厚度方向中部纵向截面 z 向最大正应力点 σ_z 时程曲线。

由图可以看出,墙体中部和表面平行的纵截面的正应力明显比墙体表面的正应力小。其中,y 向最大正应力值为 0.35 MPa,远小于 C30W6F50 混凝土的强度设计值;z 向最大正应力值为 0.36 MPa,远小于 C30W6F50 混凝土的强度设计值。

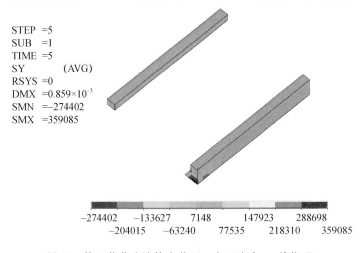

图 95　第五荷载步墙体中截面 y 向正应力　　单位:Pa

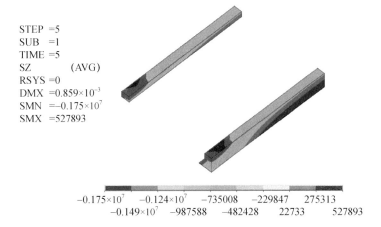

STEP =5
SUB =1
TIME =5
SZ   (AVG)
RSYS =0
DMX =0.859×10^{-3}
SMN =−0.175×10^{7}
SMX =527893

−0.175×10^{7}　　−0.124×10^{7}　　−735008　　−229847　　275313
　　　−0.149×10^{7}　　−987588　　−482428　　22733　　527893

图 96　第五荷载步墙体中截面 z 向正应力　　单位：Pa

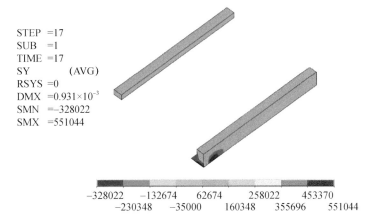

STEP =17
SUB =1
TIME =17
SY   (AVG)
RSYS =0
DMX =0.931×10^{-3}
SMN =−328022
SMX =551044

−328022　　−132674　　62674　　258022　　453370
　　　−230348　　−35000　　160348　　355696　　551044

图 97　第十七荷载步墙体中截面 y 向正应力　　单位：Pa

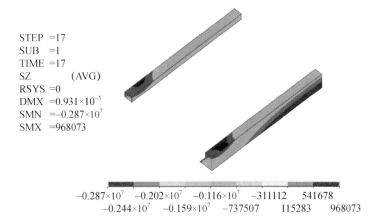

STEP =17
SUB =1
TIME =17
SZ   (AVG)
RSYS =0
DMX =0.931×10^{-3}
SMN =−0.287×10^{7}
SMX =968073

−0.287×10^{7}　　−0.202×10^{7}　　−0.116×10^{7}　　−311112　　541678
　　　−0.244×10^{7}　　−0.159×10^{7}　　−737507　　115283　　968073

图 98　第十七荷载步墙体中截面 z 向正应力　　单位：Pa

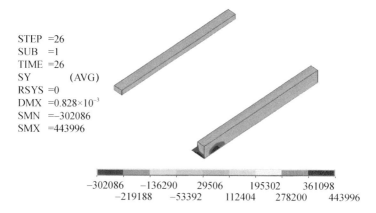

STEP =26
SUB =1
TIME =26
SY   (AVG)
RSYS =0
DMX =0.828×10⁻³
SMN =−302086
SMX =443996

| −302086 | | −136290 | | 29506 | | 195302 | | 361098 |
| | −219188 | | −53392 | | 112404 | | 278200 | | 443996 |

图 99 第二十六荷载步墙体中截面 y 向正应力   单位:Pa

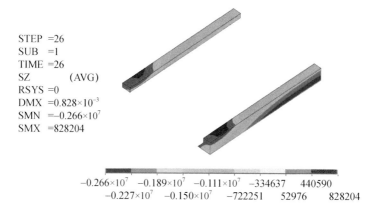

STEP =26
SUB =1
TIME =26
SZ   (AVG)
RSYS =0
DMX =0.828×10⁻³
SMN =−0.266×10⁷
SMX =828204

| −0.266×10⁷ | | −0.189×10⁷ | | −0.111×10⁷ | | −334637 | | 440590 |
| | −0.227×10⁷ | | −0.150×10⁷ | | −722251 | | 52976 | | 828204 |

图 100   第二十六荷载步墙体中截面 z 向正应力   单位:Pa

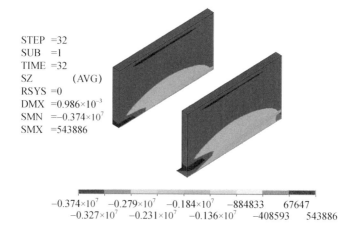

STEP =32
SUB =1
TIME =32
SZ   (AVG)
RSYS =0
DMX =0.986×10⁻³
SMN =−0.374×10⁷
SMX =543886

| −0.374×10⁷ | | −0.279×10⁷ | | −0.184×10⁷ | | −884833 | | 67647 |
| | −0.327×10⁷ | | −0.231×10⁷ | | −0.136×10⁷ | | −408593 | | 543886 |

图 101   第三十二荷载步墙体中截面 y 向正应力   单位:Pa

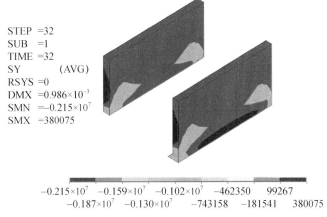

STEP =32
SUB =1
TIME =32
SY　　(AVG)
RSYS =0
DMX =0.986×10^{-3}
SMN =−0.215×10^7
SMX =380075

−0.215×10^7　−0.159×10^7　−0.102×10^7　−462350　99267
　−0.187×10^7　−0.130×10^7　−743158　−181541　380075

图 102　第三十二荷载步墙体中截面 z 向正应力　　单位:Pa

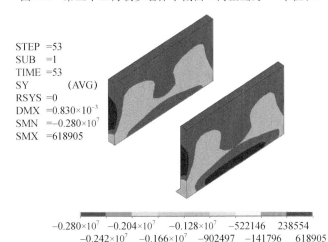

STEP =53
SUB =1
TIME =53
SY　　(AVG)
RSYS =0
DMX =0.830×10^{-3}
SMN =−0.280×10^7
SMX =618905

−0.280×10^7　−0.204×10^7　−0.128×10^7　−522146　238554
　−0.242×10^7　−0.166×10^7　−902497　−141796　618905

图 103　第五十三荷载步墙体中截面 y 向正应力　　单位:Pa

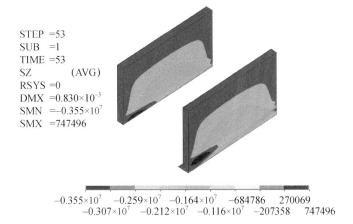

STEP =53
SUB =1
TIME =53
SZ　　(AVG)
RSYS =0
DMX =0.830×10^{-3}
SMN =−0.355×10^7
SMX =747496

−0.355×10^7　−0.259×10^7　−0.164×10^7　−684786　270069
　−0.307×10^7　−0.212×10^7　−0.116×10^7　−207358　747496

图 104　第五十三荷载步墙体中截面 z 向正应力　　单位:Pa

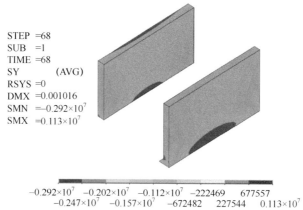

STEP =68
SUB =1
TIME =68
SY (AVG)
RSYS =0
DMX =0.001016
SMN =−0.292×10⁷
SMX =0.113×10⁷

−0.292×10⁷ −0.202×10⁷ −0.112×10⁷ −222469 677557
　−0.247×10⁷ −0.157×10⁷ −672482 227544 0.113×10⁷

图 105　第六十八荷载步墙体中截面 y 向正应力　　单位:Pa

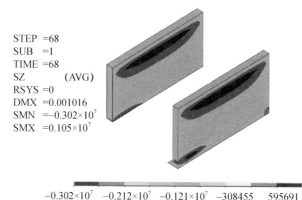

STEP =68
SUB =1
TIME =68
SZ (AVG)
RSYS =0
DMX =0.001016
SMN =−0.302×10⁷
SMX =0.105×10⁷

−0.302×10⁷ −0.212×10⁷ −0.121×10⁷ −308455 595691
　−0.257×10⁷ −0.166×10⁷ −760527 143618 0.105×10⁷

图 106　第六十八荷载步墙体中截面 z 向正应力　　单位:Pa

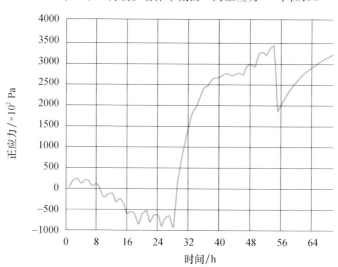

图 107　墙体中截面 y 向正应力最大点 σ_y 时程曲线

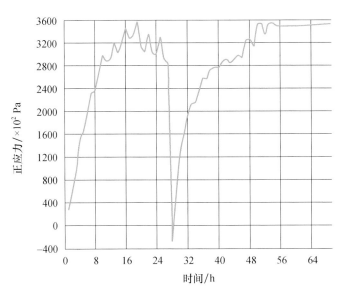

图 108　墙体中截面 z 向正应力最大点 σ_z 时程曲线

分析可以看出:

(1)施工期温度场仿真分析得到的温度随龄期变化过程曲线,与实测温度随龄期变化过程曲线基本一致。

(2)在浇筑及养护期,结构表面的最大正应力小于倒虹吸管身采用的 C30W6F50 混凝土抗拉强度,因此,倒虹吸结构表面不会出现裂缝,计算结果与实际相符合。

(3)底板与墙体、墙体与顶板浇筑分层部位拉应力较大,在施工中是重点防护部位。在浇筑及养护期,虽然气温有较大的变化,但采取的保温措施对混凝土起到了保护作用,说明保温措施合理得当。底板与中墙结合部位应力较大,且表面正应力值在浇筑后的 $3\sim6$ d 有波动,说明在此期间气温对表面应力影响较大。

综上所述,施工采用的混凝土配合比、浇筑及养护措施是合理的。

第5章 施工质量控制

5.1 原材料控制

对原材料进行优选试验,试验内容包括原材料、拌和物和混凝土的物理力学化学指标试验,试验方法按照《水工混凝土试验规程》(DL/T 5150—2001)及《水工混凝土砂石骨料试验规程》(DL/T 5151—2001)执行,不足部分可参考有关国家标准及行业标准。

5.2 混凝土配合比

管身段混凝土标号为C30W6F50,在管身Ⅰ期施工过程中,混凝土采用0.47水胶比,通过混凝土内部温度观测数据,温度最高达53.5℃,混凝土的温控和防裂压力非常大;混凝土平均强度达到38.2 MPa,超出设计值27%,说明混凝土中水泥用量仍有很大的调整和优化空间。经优化配合比后胶材用量每立方米减少22 kg,掺加了引气剂(GK-9A),混凝土水胶比调整到0.49,降低了水化热温升9℃,降低了混凝土温度裂缝发生的危险,进一步提高混凝土外观质量。

5.3 管身段混凝土施工工艺

5.3.1 管身段混凝土施工

第一层先浇筑底板及过水孔道下倒角部分,最终采用的分层高度2.1 m、4.1 m和2.6 m。底板施工的程序是先进行底板水平钢筋网及墙体直立钢筋的安装,再安装侧模及端头模板,混凝土自一侧向另一侧采用台阶法或斜层法铺料,层厚控制在30~40 cm。墙体的施工程序也是先装钢筋,再装模板,最后浇筑混凝土。顶板的施工程序是先安装承重的钢模板台车,然后安装顶板钢筋网,再安装侧模及端模,最后浇筑混凝土。

5.3.2 底板混凝土浇筑施工

从施工情况看,底板部分浇筑强度低,究其原因主要受下倒角以及直墙部分影响较大;同时,过水道的混凝土表面需要进行抹平和压光处理,浇筑历时较长,墙体和顶板的混凝土浇筑施工有潜力,必须从混凝土的入仓手段上进行改进。为此,基于设计对 12 号钢筋形式的改变,Ⅱ期施工对层厚进行改进,底板部分分层高度改为 2.1 m,墙体部分分层高度改为 4.1 m,顶板部分高度不变。

5.4　管身段混凝土施工温控措施

本工程设计的混凝土浇筑温度控制指标:4 月为 14 ℃,5 月为 20 ℃,6 月为 24 ℃。为此,管身段混凝土施工从混凝土的配合比、原材料、拌和及运输环节、浇筑仓面降温及养护和表面保护等方面,实施了温控措施。

5.4.1　混凝土配合比

选用缓凝型高效减水剂,在保证混凝土性能指标满足设计和规范要求的前提下,掺加粉煤灰,降低混凝土的水化热温升。

5.4.2　原材料温控

在砂石料堆顶上搭设遮阳网,减少太阳照射,防止骨料暴晒;在料堆上布置喷雾装置,降低骨料的温度;堆高砂石料,保持其高度大于 6 m,砂石料上料时从料堆底部取料,严格控制水泥和粉煤灰的进罐温度;水泥和粉煤灰罐车到场后,检测水泥和粉煤灰温度,超过允许温度时,让水泥罐车在阴凉处静置 4 h;在外界气温偏高时,同时保证其在进场 1 d 后使用,2 个拌和站交替使用;对供水管路及水箱加装隔热岩棉,保温隔热,防止水温随外界温度变化而急速上升;在温度太高的情况下,在水箱中加冰屑,降低水温后,再拌和混凝土;外加剂容器搭设防晒棚,以降低混凝土的出机口温度。

5.4.3　拌和及运输

在拌和站周围洒水,降低其周围环境温度,保持施工现场与拌和站的联系;根据现场需要拌制混凝土,防止混凝土在现场放置,使温度上升;运输汽车加装防晒棚,避免阳光直射;在现场搭设遮阳棚,罐车暂时不卸料时可在遮阳棚下等待;对混凝土浇筑吊罐进行改造,加快下料速度;定期校正混凝土拌和站称量系统,保证混凝土称量的精度。

5.4.4　浇筑环节

仓面采取降温措施,混凝土浇筑前保持混凝土表面湿润,并用彩条布覆盖,对于振捣密实的混凝土,也用彩条布覆盖,防止混凝土受到太阳暴晒;浇筑方法改为斜层浇筑,减少混凝土浇筑面的间歇时间;加强现场施工组织,提高浇筑强度,配备足够的人力物力资源,确保浇筑过程顺利进行;缩短混凝土浇筑块上下层之间间歇时间,使之良好结合。

5.4.5 养护环节

收面部位的混凝土浇筑完成并凝固后,立即用塑料布覆盖,并在塑料布下灌水,使混凝土面处于蓄水养护状态;施工缝面用麻袋片覆盖,并洒水进行养护;直立墙面在拆模后,先在墙面涂刷薄膜养护剂,然后在整个墙面将麻袋片串在一起,麻袋上始终洒水保持湿润,对整个墙面进行保护;在整个混凝土龄期内持续养护。

第6章 工程检测及评价

　　滹沱河倒虹吸管身段工程经过三年施工，混凝土单元工程 165 个，优良率达到 100%。在不破坏结构构件的情况下，利用回弹仪及激光检测法对混凝土强度进行检测，混凝土强度保证率 100%，检测结果均满足设计要求；抽检抗拉强度，均满足设计要求。对混凝土进行抗冻性、抗渗性检测，合格率 100%，均满足设计要求。综合检测评价，在累计完成的 11 万 m³ 混凝土浇筑中，没有发生一条裂缝。

第7章　经济效益分析

溏沱河倒虹吸工程是南水北调中线干线穿河重要建筑物,是南水北调中线京石段应急供水工程的重要组成部分,工期34个月。

溏沱河倒虹吸管身段为钢筋混凝土薄壁箱涵结构,管身段混凝土标号为C30W6F50。在管身段Ⅰ期施工过程中,混凝土采用0.47的水胶比。开工后,施工单位在混凝土内部埋设温度计,并分别在夏、冬季进行了观测数据收集,发现混凝土内部温度最高达53.5 ℃,工程所在地的昼夜温差很大,混凝土的温控和防裂压力非常大。根据混凝土抗压强度试验结果分析,水泥强度等级偏高,造成混凝土的平均强度超出设计强度较多,说明混凝土中胶材用量,特别是水泥用量还有很大的调整和优化空间。经过优化配合比胶材用量每立方米减少22 kg,掺加了引气剂,将混凝土水胶比调整到0.49。实践证明,优化后,在充分保障混凝土设计强度的基础上,节省了费用,降低了水化热温升9 ℃,改善了混凝土的工作性能,降低了混凝土温度裂缝发生的危险。

为了确保混凝土的表面平整度,经过多次论证和比较,选用大型钢模板,使用龙门吊式布料机连续均匀下料,使混凝土层厚均匀,便于混凝土的平仓振捣,进一步提高混凝土外观质量。

在累计完成的11万 m³混凝土浇筑中,没有发生一条裂缝。混凝土配合比优化后,节约水泥按8万 m³计算,粉煤灰掺量为20%,共节约水泥1280000 kg。缩短了工期,经济效益十分显著。

第8章 结论与建议

8.1 结 论

潆沱河倒虹吸管身孔口尺寸大、壁厚小、长度大,但在施工中属于大体积混凝土,在南水北调中线工程中具有代表性。通过合理设计和严格施工管理,完全可以杜绝裂缝的发生。

(1)设计中,对构件长细比大于5的箱型多孔涵管横向可以简化为杆系模型,进行内力计算。

(2)可以按照"78规范"的抗裂条件确定结构断面,按照"96规范"的限裂确定配筋。

(3)混凝土防裂主要从以下三个方面入手:一是减小混凝土内外温差;二是降低外界条件对混凝土变形的约束;三是提高混凝土自身的抗裂能力。

(4)采用粉煤灰和减水剂复合掺加的技术,可以明显改善混凝土的性能,结合减水剂和引气剂,控制好混凝土的含气量,混凝土的强度及抗渗、抗冻性能是有保证的。

(5)通过优选原材料和合理设计配合比,以及采取有效的温控措施,能够保证混凝土的施工质量,混凝土可以做到不裂缝。

8.2 建 议

(1)结构分段的划分不宜过长,否则结构物受地基、基础或已浇筑混凝土的约束过大,给防裂增加难度。

(2)尽量避免结构物出现应力集中,在结构的交角部位设置加强抹角过渡;预留的孔洞应尽量是圆形或椭圆形的。

(3)必要情况下应配构造防裂钢筋,对于有些结构,从使用期或结构受力的角度看不需要配筋;但在施工期,若不配筋,只靠混凝土的抗拉强度难以抵抗结构温度变形引起的拉应力,这时就需要配置防裂钢筋。

主要参考书目

董朝文,于百勇,陈锁忠,2006.地铁工程中高性能混凝土耐久性综合评估[J].东南大学学报(自然科学版),(2):267-271.

冯永红,2002.超长大面积混凝土裂缝控制技术[J].施工技术,(4):21-22.

富文权,韩素芳,2003.混凝土工程裂缝预防与控制[J].混凝土,(5):3-14,17.

顾辉,2005.南水北调中线河北省北段大型渡槽工程设计[J].水科学与工程技术,(1):4-7.

郭仕万,肖欣,赵和平,2000.混凝土施工中的裂缝控制[J].山西水利科技,(4):20-21.

何琳,1998.大体积混凝土裂缝控制探讨[J].四川电力技术,(5):32-34.

滑令,郜志红,王智勇,等,2006.大型预应力箱型倒虹吸的三维有限元分析[J].水科学与工程技术,(2):26-28.

鞠丽艳,张雄,2002.混凝土裂缝防治的两种新方法[J].施工技术,(7):28-28.

梁瑞华,2005.滹沱河倒虹吸涵管混凝土温控和防裂措施[J].水科学与工程技术,(5):34-36.

刘博,盛兴旺,2004.预应力混凝土先简支后连续梁静、动力试验研究[J].中国铁道科学,(6):88-93.

刘振杰,2012.水工大体积混凝土施工防裂措施[D].青岛:青岛理工大学.

邱云力,2006.大体积混凝土施工的裂缝预控[J].人民珠江,(4):35-36.

唐福亮,高建,2006.混凝土裂缝的主要成因与控制处理[J].安徽水利水电职业技术学院学报,(3):30-32.

谭跃虎,江巍,毕佳,等,2005.南京奥体中心大平台温度应力监测与分析[J].解放军理工大学学报(自然科学版),(3):254-257.

王磊,王璇,陈能星,2013.混凝土裂缝产生的原因及新的控制方法[J].四川建筑,(1):157-158,161.

王维斌,2004.大体积混凝土裂缝控制与施工技术研究[D].天津:天津大学.

王志民,商东坡,2005.浅谈混凝土防裂技术[J].水科学与工程技术,(5):7-9.

魏艳秀,马宝祥,2006.南水北调中线工程唐河倒虹吸混凝土温控指标分析[J].水科学与工程技术,(z1):48-49.

吴峰,2005.混凝土温度裂缝仿真系统研究[D].南京:河海大学.

杨振坤,富景财,2005.混凝土裂缝的预防与处理措施[J].黑龙江水专学报,(1):129-130.

张旸,彭德胜,2005.临淮岗49孔浅孔闸加固改造工程外包混凝土防裂限裂研究[J].治淮,(8):17-19.

赵俊梅,杭美艳,李永元,等,2003.大体积混凝土基础温度裂缝的控制[J].新型建筑材料,(7):11-13.

赵彦波,郝坤,2006.滹沱河倒虹吸工程Ⅱ标段管身混凝土温升与钢筋应力及混凝土应变关系分析[J].水科学与工程技术,(5):59-60.

天津市冀水工程咨询中心有限公司简介

天津市冀水工程咨询中心有限公司(以下简称咨询中心)成立于1996年7月,是具有独立法人资质的全民所有制企业,拥有水利工程建设监理甲级资质,2015年通过ISO 9001质量管理体系认证。

咨询中心现有工作人员166名,其中有高级职称技术人员85人,初、中级职称技术人员81人。64人持有监理工程师资格证书(高级职称35人),11人持有造价工程师资格证书(高级职称7人)。涵盖水文、规划、水工建筑物、农田水利、工程地质、工程测量、水力机械、电气、工程施工、水土保持、环境保护、工程造价、咨询评估、合同管理等各类专业。

20多年来经过全体员工的不懈努力,积累了丰富的经验,创建了品牌,形成了多层次、多学科、跨行业的综合咨询能力。目前,咨询中心已取得了多个专业的甲级资质和乙级资质,并利用大数据资源建立了覆盖全部业务范围、较为健全的质量管理体系,顺利通过了ISO9001质量管理体系认证。

20多年的积累,咨询中心形成了众多的优势业务,包括各类水利水电咨询、评估、工程设计服务和建设监理项目740余项,涉及项目的总投资几百亿人民币,其中包括专项和区域规划编制、项目建议书、可行性研究报告、水利水电工程技术咨询、项目开发、项目转让;工程造价、工程审计、招投标代理、工程项目总承包、各等级工程的施工监理、水土保持工程施工监理及各类各等级水利工程建设环境保护监理、市政、园林绿化工程等。

目前,咨询中心正积极开展跨行业、跨部门、跨领域和多学科的课题研究,形成了具有自己特色的研究领域。截至2019年12月,累计开展各类规划咨询、报告编制及各类业务千余项,各大中型水利工程建设监理项目先后荣获国家和省部级荣誉20多项。

20多年来,咨询中心始终坚持"客观公正、科学可靠、诚信敬业、优质高效"的工程咨询原则和以"质量为本"的管理理念,以负责、敬业、精益求精的态度,优秀的技术队伍及过硬的业务工作能力,竭诚为项目业主提高投资效益,规避投资风险,提供高效优质的工程咨询服务。

主要职能:为投资者、工程项目业主提供高效优质的工程咨询服务。

规划咨询:专项规划、区域规划及行业规划编制;产业政策咨询;建设专题研究咨询。

项目咨询:项目投资研究、项目建议书(可行性研究)、项目可行性研究报告、项目申请报告编制、工程项目招投标技术咨询。

评估咨询：项目规划、项目建议书、可行性研究报告、资金申请报告、项目申请报告、初步设计评估、项目概决算审查、培训咨询服务，及其投资管理职能所需的专业技术服务。

展望未来，任重道远。为紧跟新时代行业发展趋势，我们继续优化业务结构，整合资源，为社会提供高质量、高效率、全方位的工程咨询服务；继续秉承"客观公正，科学可靠，诚信敬业，优质高效"的原则，竭诚为项目业主提供良好的服务！